U0959383

编 委 会

顾　　问	Murray Stein　Thomas Kirsch
	John Beebe　Paul Kugler
	Joe Cambray
主　　编	申荷永
副 主 编	杨韶刚　冯　川　王浩威　高　岚
主编助理	徐维东　张　敏　陈　侃　杨登乐
编　　委	成　穷　吴和鸣　朱彩方　范红霞
	李孟潮　蔡成后

荣格精选集
C. G. JUNG

移情心理学

[瑞士] C. G. 荣格 著 李孟潮 闻锦玉 译

译林出版社

图书在版编目（CIP）数据

移情心理学 / （瑞士）C.G.荣格著 ； 李孟潮， 闻锦玉译. -- 南京 ： 译林出版社， 2025. 1. --（荣格精选集 / 申荷永主编）. -- ISBN 978-7-5753-0368-2

Ⅰ. B84-065

中国国家版本馆CIP数据核字第2024XJ3026号

Collected Works of Carl Gustav Jung

Simplified Chinese language edition arranged through Stiftung der Werke von C.G.Jung c/o Paul & Peter Fritz AG, Literary Agency

Simplified Chinese translation copyright © 2025 by Yilin Press, Ltd

All rights reserved.

著作权合同登记号　图字：10-2012-30号

移情心理学　[瑞士] C.G.荣格／著　李孟潮　闻锦玉／译

责任编辑　张海波
特约编辑　郑　燕
装帧设计　胡　苨
校　　对　孙玉兰
责任印制　董　虎

出版发行　译林出版社
地　　址　南京市湖南路1号A楼
邮　　箱　yilin@yilin.com
网　　址　www.yilin.com
市场热线　025-86633278
排　　版　南京展望文化发展有限公司
印　　刷　江苏凤凰通达印刷有限公司
开　　本　890毫米×1240毫米　1/32
印　　张　7.375
插　　页　2
版　　次　2025年1月第1版
印　　次　2025年1月第1次印刷
书　　号　ISBN 978-7-5753-0368-2
定　　价　56.00元

版权所有 · 侵权必究

译林版图书若有印装错误可向出版社调换。质量热线：025-83658316

出版说明

“荣格精选集”简体中文版由瑞士苏黎世荣格作品基金会授权译林出版社出版。译本以20卷的瓦尔特出版社德文版和普林斯顿大学出版社英文版为底本，由申荷永教授精选其中关键篇目，并组织专业译者进行译介，意在向广大读者介绍荣格分析心理学的要旨。书中边码为原书段落码，方便读者检索。书中保留荣格原注、英译注、英编注，并增补了部分中译注，详细的参考文献可见http://www.yilin.com/Book/BookView?BookID=9288，希望有助于读者研读查考。《移情心理学》节选自Jung, C. G. *The Practice of Psychotherapy: Essays on the Psychology of the Transference and other Subjects*. Princeton University Press, 1954, pp. 163—321。

译林出版社

导 读

移情与哲学玫瑰园

“移情”(transference)是最富有情感色彩的深度心理学主题。正是由于移情,比如布洛伊尔与安娜·O.的个案,成就了弗洛伊德的精神分析。也正是由于移情,促使荣格与弗洛伊德一见如故,同时,也造成其后来的分裂与离散。于是,荣格深有感触地表达:移情犹如灵丹妙药,但有时也真的有毒。

1907年,荣格与弗洛伊德在维也纳第一次会面,相见恨晚,促膝畅谈十三个小时,可谓佳话传奇。其间,两人停顿片刻,弗洛伊德打破沉默,问荣格:“你如何看待移情?”荣格不假思索,由衷回应道:“对精神分析而言,从始至终,移情无处不在。”弗洛伊德大为感叹,对荣格说:“那你已抓住了精神分析的核心。”

《移情心理学》是《荣格全集》第16卷《心理治疗的实

践》(*Practice of Psychotherapy*)第二部分的主要内容，以“移情”的原型意象及其分析为主题。在第一部分中，荣格则是从“心理治疗的一般问题”开始，选择编辑了他曾经发表的有关论文，如“实践心理治疗的原则”(1935)、“什么是心理治疗”(1935)、“现代心理治疗的某些方面”(1929)、“心理治疗的目标”(1929)、“现代心理治疗的难题”(1929)、“心理治疗与人生哲学”(1942)、“医学与心理治疗”(1945)、“今日心理治疗”(1941)、“心理治疗的基本问题”(1951)等。而在第二部分，荣格以“心理治疗的特殊问题”开始，继而探讨了“宣泄的治疗性价值”(1921)、“梦分析的实践运用”(1931)等，接着转入《移情心理学》，在其1946年所发表论文基础上整理和完善的书稿。

荣格在前言中表明，有关移情的心理学，他本来同意弗洛伊德的观点。在他看来，弗洛伊德是第一个识别并阐释临床心理学中移情现象的人，并且创造了“移情性神经症”(transference neurosis)概念，试图通过移情现象及其意义，来获得对病人原有神经症的转移。然而，荣格也在弗洛伊德的移情理论中发现了不足，比如，对于病人移情的期待甚至是要求。荣格的观点，如在《移情心理学》中所表达的：“(移情)是不可以被要求的，就像信仰一样，仅有在其自发时才是有价值的。”荣格接着陈述：“强加的信仰不过是灵魂的枷锁而已。任何认为他必须‘要求’移情的人有所不知，移情仅仅是治疗性因素之一。而移情和‘投射’是非常类似的——投射，就是一种不可能应要求而产生的现象。”

于是，荣格另辟蹊径，如其分析心理学一贯风格，在集体无意识和原型的理论框架下，借助于“扩充技术”和“积极想象”方法，以及“炼金术”的原型意象，展开对临床心理学中“移情”现象的深入分析与解读。荣格十分明确地说：“为了阐明移情，我会转向炼金术象征符号这种看起来非常遥远的东西，读者们对此可能觉得奇怪。但是任何已读过我的书《心理学与炼金术》的人都会知道，在炼金术和那些现象间存在着紧密联系，出于实践的原因，那些现象必须从无意识心理的角度考虑。”于是，荣格为其《移情心理学》加了一个副标题：“配用一套炼金术图谱以解释”。

那么，这套“炼金术图谱”，便是炼金术历史上著名的《哲学玫瑰园》(*Rosarium philosophorum*)，西方流传已久的炼金术手稿，以十幅配图来呈现炼金术中的心灵转化。首先是“墨丘利喷泉”(The Mercurial Fountain)，然后是“赤裸真理”(The Naked Truth)和“浸洗沐浴”(Immersion in the Bath)，接着依次为“化合”(The Conjunction)、“死亡”(Death)、“灵魂飞升”(The Ascent of the Soul)、“净化”(Purification)、“灵魂回归”(The Return of the Soul)以及“新生”(The New Birth)。在这别具一格的《移情心理学》中，荣格发挥其分析心理学的优势，充分利用集体无意识和原型，以及扩充技术和积极想象，对

《哲学玫瑰园》之心理学意义进行阐释。

在荣格看来，这些图直达炼金术象征的核心，因为它们均描绘了炼金术“创作”(opus)的神秘基础，以及获得“哲人石”的奥秘。炼金术士们把“自然”当作炼金术独一无二的基础，其创作与哲人石都属于“圣灵之物”，足以给深度心理学所探索的无意识充分的启示，比如移情中的精合与转化，意识自我与自性的关系，以及分析心理学之自性化的过程。在这部《移情心理学》中，荣格用夏娃(Hawwah)所代表的本能与生物属性、海伦(Helen of Troy)所代表的性爱欲望、玛利亚(the Virgin Mary)所代表的宗教神性和索非亚(Sophia)所代表的永恒智慧，作为对“阿尼玛”发展阶段与趋向的描述。由此，荣格论述意识自我与无意识人格化之阿尼玛的整合，犹如炼金术《哲学玫瑰园》中的图画寓意，对立双方的化合，精合后的整体性，“自性”或“哲人之子”的涌现。有意思的是，荣格认为，“自性”或“哲人之子”，也如道家的“真人”。道家的内丹，帮助荣格加深对炼金术之象征意义的理解，如其在《金花的秘密》评论中所阐释的，那也正是其分析心理学的关键与转折点。

荣格对《移情心理学》进行最后总结时说:“对移情现象进行任何描述都是一桩非常困难和微妙的任务，而我不知道该如何着手，只有求助于炼金术工作的象征。”在荣格看来，炼金术可以帮助他认识与理解无意识内容投射的过程，以及其中所包含的原型意象及其意义。荣格也再三申明:“出于实践的原因,那些现象(有关炼金术的意象)必须从无意识心理的角度来考虑。”

移情不仅是精神分析与心理治疗中的关键,而且,在分析心理学的体系中,移情也属于自性化过程中的核心内容,正如荣格借用《哲学玫瑰园》的表达与阐释。然而,“移情”也如斯芬克斯的面纱,凭借其无意识内容与象征的力量,也会超越个体人格,延伸至社会与文化……其中的奥秘,亦然等待现代人的理解与回应。

申荷永

2018年7月于洗心岛

目　录

我问询，而不断言；

我在此并非要决定任何东西——以求确证；

我猜想、尝试、比较、企图、询问……

——克里斯蒂安·克诺尔·罗森罗特的座右铭

献给我的妻子

前　言

凡是对心理治疗已有实践经验者都知道，弗洛伊德所说的“移情”过程经常表现为困难之问题。如此说也许并非夸张：几乎所有需要长期治疗之个案，都围绕移情现象而运转，而治疗成败看起来在根本上和移情紧密相连。因此，心理学不能就此忽略或者回避这个问题，心理治疗师也不应该假装，把所谓的“移情消融”(dissolution of the transference)当作是理所当然之事。在对待“升华”这个和移情紧密相关的过程时，我们遇到了同样的乐观主义。在讨论这些现象时，人们常有的言下之意是，我们好像能够通过理性、智能或者意志来应对这些移情现象，或者通过由超级技术武装起来的医生之灵巧和技艺来矫正它们。这种委婉曲折、讨人喜欢的方式也许是够用的，但是只要我们面对全非简单明了、不太容易得到结果之情境，其不足之处就表现为掩饰了问题的困难程度，从而阻碍或延迟了更深层的调查。虽然我本来同意弗洛伊德的观点，移情之重要性是无论如何强调也不为过的，但是不断增长的经验使我意识到，其重要性也是相对的。“移情”就像某种药物，它对此人是灵丹，对彼人就为毒药了。在某一个案中，其出现指示着好转和改善；在另一个案中，它的出现不是起到恶化作用的话，就是起到妨碍好转和加剧病情的作用；而在第三个案例中，则是相对不重要的。然而，一般来说，它是一个至关重要的现象，有着不同程度的意义，其缺失和其存在同样有意义。

在这本书中，我所关注的是移情的“经典”形式及其现象学。由于移情是关系的一种形式，所以它总意味着是“面对面的”（vis-a-vis）。当“移情”是负性的或根本不存在时，这种“面对面”就没发挥什么重要作用，例如我们在伴随着自卑情结的对自我决断的补偿性需要这种通常情况所见。[1]

为了阐明移情，我会转向炼金术象征符号这种看起来非常遥远的东西，读者们对此可能觉得奇怪。但是任何已读过我的书《心理学与炼金术》的人都会知道，在炼金术和那些现象间存在着紧密联系，出于实践的原因，那些现象必须从无意识心理的角度来考虑。所以，他也不会太吃惊地获知：移情，这个通过经验表明如此频繁和如此重要的现象，也在炼金术的图像

1 这并不是说，这类个案从不发生“移情”。用阻抗、讨厌或厌恶来进行伪装的“移情”负性形式，一开始就赋予了另外一方高度重要性，即便这种重要性是负性的，而且它会把每一种可想到的阻碍拿出来放在正性移情之路上。结果就是，后者特有的象征符号（对立的综合体）得不到拓展。

和符号中有一席之地。这些图像不太像是对移情关系的有意识呈现，而是无意识地视之为理所当然，正因如此，我们使用这些图像，来作为论辩过程中引领我们的阿里阿德涅线团[1]。在此书中，读者不会发现有关移情临床现象之说明。因为此书不是写给那些必须在移情临床现象方面接受教导的初学者，而是专门针对那些已经在其自身实践中获得充足经验的读者。我的目标是，在这个刚被发现，仍待开拓的疆域，提供某种方向，从而让读者熟悉其中某些难题。鉴于存在理解上的巨大困难，我想要强调我的研究之暂时性特点。我已经力图把我的观察和理念整理好，然后把它们留给读者来思考，希望能引导读者注意到某些观点，它们的重要性是在时间进程中自己强加于我的。我担心我的描述对于那些不了解我早期著作的人而言不易读懂，所以在脚注中提示出我的那些作品，以作辅助。

那些几乎没有准备就接触这本书的读者，或许会对我提出的和我的研究有关的历史材料之数量吃惊。如此做的理由和内在需要基于此事实：只有当我们达到一个外在于我们当今时代的点，并且从这个点观察现在这个时代，我们才可能对当代心理问题有正确的理解和评价。这一个点仅能是关注到了同样问题在过去某个时期（虽然那是在不同条件下）以其他形

1 阿里阿德涅，克里特国王弥诺斯与帕西淮之女，给了忒修斯一个线团，助其逃出弥诺陶洛斯的迷宫。忒修斯进入迷宫时将线团解开，杀死弥诺陶洛斯后循线逃出。——英编注

式所受的关注。这里所从事的比较分析，自然要求对于情境的历史层面进行相应的细节描述。如果我们处理的是众所周知的材料，那么就可以描述得更简洁些，一点点参考文献和线索就足够了。但不幸的是，情况并非如此，因为这里研讨的炼金术心理学几乎是一块处女地。所以我必须想当然地认为读者已经具备《心理学与炼金术》的一些知识，否则阅读此书会比较困难。有些读者的专业和个人经验使其足以通晓移情问题，就无须满足我的这种期望。

虽然目前的研究能够自成一家，但同时也引入了炼金术的“对立体”（opposites）以及它们的现象学和综合体的更全面的考虑，我会在下一本书中进一步论述。我想要感谢所有阅读过我的手稿且不吝指正的朋友们，尤其要感谢玛丽—路易丝·冯·弗朗茨（Marie-Louise von Franz）博士，感谢她的慷慨帮助。

C.G.荣格

1945年秋

导 论

交战的宁静,甜蜜的伤口,惬意的邪恶。

——约翰·高威,《忏悔录》第二册第35页

1

353 神秘婚配在炼金术中扮演的角色非常重要,对此不必大惊小怪。我们能想到的最常用于神秘婚配的术语——化合(coniunctio),首先是指我们现在所说的化学结合,指待结合的物质或"体",通过我们所说的亲和力被吸引至一处。在过往,人们使用各种术语,如"婚姻"(nuptiae)、"结婚"(matrimonium)、"婚配"(coniugium)、"交友"(amicitia)、"吸引"(attractio)、"迎合"(adulatio)等,来表达人类的关系,尤其是性的关系。因此,要结合的身体会被看作主动者或被动者(agens et patiens),大雄(vir)或者男性(masculus),以及女

性（femina）、玉女（mulier）、阴性（femineus），或者它们被更加形象化地描述为狗和母狗[1]、马（种马）和毛驴[2]、公鸡和母鸡[3]、带翼或不带翼的龙。[4]这些术语越是拟人化，或越是拟兽化，由创造性幻想所发挥的作用就越明显，因而由无意识所发挥的作用也就越明显，我们也越是会看到，古代自然哲学家在思考与探索物质的黑暗和未知特性时，是如何被诱惑远离了严谨的化学研究，而跌落在"物质神话"魔力之下的。因为从来就不可能有人能绝对地免除偏见，甚至最客观无偏见的研究者，在进入从未被照亮过的黑暗无明且辨识不清的领域时，也很容易成为某个无意识假设的受害者。这未必是不幸，因为这个随后呈现自己、作为未知的代替者的理念，会采用一种古老而非不当的模拟形式。因此，凯库勒关于舞蹈伴侣（dancing couples）的幻象[5]，首先让他去找寻特定碳化物的结构，也就是苯环，这个幻象确实是"化合"的一个幻象，这种交配迷住炼金术士的

1 "要用一只corascenum/coetanean的公狗和亚美尼亚的母狗。"引自Hoghelande，5，i，p.163；以及Kallid（*Rosarium*，2，X iii，p.248）的一个注解。在一本古代草纸魔法书中，塞勒涅（月神）被称为χύων（母狗）。（Paris MS. Z 2280，in Preisendanz，136，I，p.142.）在佐西莫斯看来，是狗和狼（Berthelot，29，III，xii，9）。"corascenum"和"coetaneum"没有对应译词，疑为地名，印度某地名为"corascen"。——英编注

2 Zosimos, in 29，III，xii，9.

3 Senior（164，p.8）对此有经典描述："你需要我就像公鸡需要母鸡。"

4 文献中此种图片不可胜数。［此段请教专家约翰·毕比（John Beebe）得到如下回复：文艺复兴时期的炼金术士们用很多性生活象征来描述合成过程，炼金术图谱中经常有男女交配的图片，代表着雄性物质和雌性物质的交配。——中译注］

5 Kekulé，94，I，pp. 624f.，and Fierz-David，42，pp.235f.

心灵长达17个世纪。恰恰就是这个意象，一直诱使研究者的心灵脱离化学问题，而回到皇室或神圣婚姻的古老神话。但在凯库勒的幻象里，这个意象终于达到了其化学目标，因而在有机化合物以及随之而来的合成化学这两方面都给我们提供了所能想象的最大进步。回溯历史，我们可以说，当炼金术士制造这个谜中之谜（arcanum arcanorum）[1]，这个最高之神的圣礼（donum Dei et secretum altissimi）[2]，这个炼金术工作制高点的内在秘密时，他们嗅觉灵敏。随后对炼金术的另一个核心理念（化学元素的相互转换性）的确认，在这个迟来的炼金术思维之凯旋中，也具有值得重视的地位。考虑到这两个关键理念显而易见的实践及理论重要性，我们有理由得出这样的结论：它们是直觉性预期，其迷人魅力可以在后来发展中得到证实。[3]

354 然而，我们发现，炼金术不仅是通过逐渐发现如何与其神话前提决裂而变成化学，而且它也变成了，或者说一直都是一门神秘哲学。“化合”的理念，一方面用来阐明化学结合的秘密，而在另一方面，它又成了“神秘联合”（unio mystica）的象征，因为作为一个神话主题，它代表了对立面联合的原型。如今这些原型不代表任何外部的、非精神之物，虽然它们

1 Zacharias, 5, v, p.826.

2 *Consilium coniugii*, 1, ii, p.259. Cf. *Aurora consurgens*, 19, part I, Ch.II:“因为她（智慧）是神的礼物神的圣礼，是天赐之物。”

3 化合（coniunctio）这个主题因其原型类型的特性拥有它自身的迷人性，这一事实与之并不矛盾。

的确自然地拥有意象的具体性，这种具体性来自从外界接收到的印象。恰恰相反，这些原型独立于它们采用的外在形式，有时跟这些形式形成直接对照，它们代表非个体性精神的生命与本质。虽然这一精神在每一个体那里都是天生的，但是它既不能被个体修改，也不能被占有。它在个体身上，在人群身上，以及最终在每个人身上，都是一样的。它是每一个个体精神（存在）的前提，就好比大海是个别海浪的载体一样。

355 “化合”的炼金术意象，其实践重要性在较后发展阶段被证实，从心理角度看同样是有价值的：也就是说，这个意象在对精神黑暗面之探索中扮演的角色，和它在对物质谜团的研究中扮演的角色是一样的。实际上，要不是它已经具备使人着迷的力量，吸引着研究者专注于那些路线前进，它也不可能在物质世界中如此有效地发挥作用。化合是一个先验意象，在人的心理发展中一直占有重要一席。如果我们回溯这一理念，就会发现在炼金术中它有两个来源，一个是基督教的，另一个是异教的。基督教来源无疑是基督和教会教义，“婚约中的男方和女方”（sponsus and sponsa）[1]，其中基督担任日神的角色，教会担任月神的角色。[2]异教徒来源一方面是“神圣婚姻”（hieros gamos）[3]，另一方面指神秘主义者和上帝的联姻。这些精神体

1 Cf. the detailed account in Rahner, 140.

2 A collection of the classical sources is to be found in Klinz, 99.

3 Bousset, 30, pp.69ff., 263f., 315ff.; Leisegang, 108, I, p.235.

验以及它们在传统中留下的痕迹，可解释清楚很多炼金术独特的幻想世界及其神秘语言，要是没有这些背景联系，炼金术就纯粹是难以理解的。

356 如前所述，化合意象总是出现在人类心灵历史中某一重要时刻。现代医学心理学通过观察神经症和精神病的心理过程所获的近期发展，促使我们对一般称作“无意识”的精神背景的研究变得越来越仔细周到。尤其是心理治疗让此类研究显得更有必要，因为不再可否认的是，精神的病态性失调不应仅仅通过躯体中或意识心灵中发生的变化来解释，我们必须通过解释的方法来引证出第三个因素，也就是，假定的无意识过程。[1]

357 实践分析已表明，无意识内容总会投射到最先出现的具体人物和情境之上。一旦其主观性起源被个体认识到，很多投射最终会被整合回个体。有些投射虽然与原始客体分离了，仍会随即转移到医生身上。在这些内容中，和异性双亲的关系起到了特别重要的作用，例如儿子与母亲、女儿与父亲以及兄弟与姐妹的关系。[2]一般来说这个情结不可能被完全整合，因为

1 我把无意识过程称为“假定的”，因为无意识从定义上来说是不受直接观察作用影响的，只能够对之进行推断。

2 我没有考虑所谓的同性恋形式，如父亲—儿子、母亲—女儿等，在炼金术中，据我所知，只有一次提到这种变数，在“Visio Arislei”（2，i，p.147）中：“主啊，虽然你是国王，然而你的掌控和统治却不好，因为你让男人和男人在一起，虽然知道男人们不会生出后代。”

医生几乎总是被放在父亲、兄弟，甚至是（虽然自然是比较罕见的）母亲的位置上。经验表明，这一投射维持着它原初的全部强度（弗洛伊德将此看成是病因），因而创造出一种纽带，在每个方面都对应着初始的婴儿样关系，带有在医生身上重演童年的所有体验的倾向。换句话说，患者的神经症性适应不良如今转移到了医生这里。[1]弗洛伊德是第一个识别并描述这一现象的人，他还创造了“移情性神经症”（transference neurosis）这一术语。[2]

358 这种纽带关系如此紧密，以至于几乎可以说它是一种“结合”（combination）了。当两种化学物质相结合时，二者都会被改变。在移情中发生的情况也正好如此。弗洛伊德正确地认

1 弗洛伊德说（*Introductory Lectures*, 51, p.380）：“此工作的决定性部分是通过在病人对医生的关系，即移情中制造出旧冲突的新版本来完成，在其中病人会意欲像他过去那样行事……在病人的真正疾病被替代出，出现了人为构造的移情疾病，在其力比多的各种不真实客体被替代处，出现了一个单一而且又是幻想性的客体，用医生这个人来代表。”是否移情总是人为构造的，这有待确定，因为它是一个现象，可以脱离任何治疗而发生，而且移情是一种非常频繁发生的事件。实际上，在任何根本上具有亲密性质的人类关系中，某种移情现象几乎总是作为帮助性或干扰性因素起作用。

2 “假如病人显示出足够的对分析条件的依从，我们通常能够成功地给疾病的所有症状一种新的移情意义，并能成功地通过‘移情神经症’代替他的通常神经症……”（*Clin. Papers*, 47, p.374）在这里弗洛伊德对他自己的重要性有一点过度看重。移情无论如何都不会总是医生的工作。经常是医生还没有开口，移情就已经如火如荼了。弗洛伊德的概念：移情作为一种“旧障碍的新版本”，一种“新创造的、转化的神经症”，或一种“新的、人为的神经症”（51, pp.371f.），是正确的，只要是神经症病人，其移情就同等是神经症性的，但是这种神经症既不是全新出现的，也不是人为创造的，其中唯一新的东西就是：现在医生被拉进旋涡中，更多是作为移情的受害者，而不是其创造者。

识到，在心理治疗中，这种纽带是具有至高重要性的，在其中，医生自己的精神健康和患者的不适(混合在一起)，产生出一种“混合复合物”(mixtum compositum)。在弗洛伊德派技术中，医生都是尽可能设法避开移情，从常人眼光来看，这是可理解的，虽然在某些案例中，这么做有可能会对治疗效果有相当大的损害。医生应该不可避免地会受到一定程度影响，甚至他的神经(系统)健康都会被损害到一定程度。[1]他确实“接手”了病人的苦恼，并且和病人共享这些苦恼。因此他在冒险——而这是理所当然必须冒的险。[2]在我和弗洛伊德1907年的第一次个人会面时，弗洛伊德赋予移情现象以极其重要的位置，这一点对我来说是很清楚的。在一次数小时的会谈后，出现了一个停顿。突然他出其不意地问我：“你对移情怎么看？”我由衷地回答：“这是分析方法的起点和终点。”于是他说：“那你就抓住了

1 弗洛伊德已经发现了“反移情”这个现象。那些熟悉他技术的人会意识到其技术中明显地倾向于让医生这个人尽可以超越反移情效应的影响。故而医生倾向于坐在病人后面，并且自称移情是其技术的产物，然而在现实中，移情是完完全全自然的现象，移情会对医生出现，就像会对老师、牧师、全科医生出现一样，以及最后但并非最不重要的，会对丈夫出现。弗洛伊德同样也把“移情神经症”用作一个共有性表达，来指称癔症、癔症性恐惧和强迫性神经症。(Ibid., p.372)

2 这种冒险对于医生或护士的影响可能非常深远广泛，我知道有些情况是，在医生处理边缘性精神分裂症的过程中，短期的精神病性间隔实际上是被医生“接手”的，而在这些时期病人感觉超乎寻常地好。我甚至遇到过一个案例是，医生在分析一个处于潜伏性被迫害妄想症(latent persecution mania)的女性病人时，出现了诱发性的偏执狂。这也不是那么让人吃惊的，因为某些精神紊乱是有极强感染性的，如果医生自己有那个方面的潜在素质的话。

核心。”

359 移情之重要性，往往令人产生误解，即认为移情对治疗来说是绝对必不可少的，也就是说，必须从病人那里要求得到其移情。但是像这种东西，是不可以被要求的，就像信仰一样，仅有在其自发时才是有价值的。强加的信仰不过是灵魂的枷锁而已。任何认为他必须“要求”移情的人有所不知，移情仅仅是治疗性因素之一。而移情和投射是非常类似的——投射就是一种不可能应要求而产生的现象。[1]就我个人而言，若是仅有一些轻微的移情，或移情不易被觉察，对个人的要求就会少许多，而且也会让我们对其他有效的治疗因素感到满意。在这些治疗因素中，病人自己的领悟力扮演了重要角色，还有他的友好态度，医生的权威、暗示[2]、“医嘱”[3]、理解、同情、鼓励，等等。自然严重很多的案例不在此讨论范畴。

360 对移情现象的仔细分析导致一个极端复杂的局面，它具有如此令人震惊的显著特征，以致我们经常会忍不住挑出这些

1 弗洛伊德自己说（*Clin. Papers*, 48, p.380）：“我不能想象有比这更加愚钝的进程。在这么做的时候，分析师剥夺了现象的如此令人信服的自发性元素，并且为自己放置了未来难以克服的障碍。”这里弗洛伊德强调了“移情”的自发性，和上面所引用的其观点相反。然而那些“要求”移情的人，可以转而求助于他们大师的下面这段隐晦的言辞（*Case Histories*, 49, p.139）：“当一个人进入精神分析的技术理论时，他会逐渐认识到，移情是必需的东西。”

2 暗示是自动发生的，即便没有医生阻止它或者不费吹灰之力制造它。

3 “医嘱”常常是可疑的疗法，但是一般来说不是危险的，因为它几乎没有什么效果。这是公众经常在“医学面具”（persona medici）中期望得到的东西之一。

特征之一，把它当作最重要的，并且惊呼着解释："当然了，这不过是……！"我这里主要是指移情幻想的色情性或性欲性成分。这种成分的存在是不可否认的，但是它并不总是唯一的，也并不总是必不可少的。另一种成分是权力意志（阿德勒如此描述），它被证明和性欲共存，并常常很难辨别出二者谁占主导地位。光这两个成分，就足以为令人瘫痪的冲突提供条件。

361 然而，还有其他形式的"本能欲望"（concupiscentia），有来自"饥饿"的，有来自"想占有（欲望）"的，另外还有一些基于对欲望的本能否定，这样生命看起来就是建立于恐惧或自我毁灭之上的。一定程度的"精神水平的降低"（abaissement du niveau mental）[1]，也就是自我等级秩序的弱化，就足以调动这些本能冲动和欲望，带来人格的解离。换句话说，带来人格重力中心的多重化（在精神分裂症中，会出现真实的人格碎片化）。我们常常根据其支配程度来判定，这些动力成分是真实的还是症状性的，是极其重要、具有决定性的部分，还是仅仅是病征。虽说那些最强烈的本能，无疑是要求能得到具体实现的，并且通常会促进其发生，但是也不能被认为是纯生物性的，因为它们实际上所遵循的过程受到人格本身强有力的调整。假如一个人的气质使他倾向于灵性的态度，甚至连本能的具体活动也会呈现出某种象征的特性。这个活动不再只是本能冲动的满

1 此术语来自法国精神病学家皮埃尔·让内。——中译注

足，而是跟“意义”联系起来，或是因为“意义”而变得复杂。在纯粹病症性本能过程的情况下，并不会有同等程度的本能对具体实现的要求，而此时本能满足的症状性特点就更加明显了。这些复杂情况的最生动例子，可在色情现象学中找到。早在古典时代晚期，四个阶段就已为人知：夏娃（Hawwah）、（特洛伊的）海伦（Helen of Troy）、圣母玛利亚（the Virgin Mary）和索非亚（Sophia）。[1]歌德的《浮士德》重复了这个序列：格雷琴是纯粹本能性关系（夏娃）的化身，海伦代表着阿尼玛的形象，圣母玛利亚作为“天上”——也就是基督的或宗教的关系，而“永恒女性”代表着炼金术智慧。这种称谓表明，我们在四个阶段中涉及的是异性恋厄洛斯（Eros）形象或阿尼玛形象，相应地，也是厄洛斯膜拜的四个阶段。第一阶段——夏娃/大地——是纯粹生物性的，女人等同于母亲，只代表某种待受孕的东西。第二阶段仍然是爱欲厄洛斯主导，但是在一个美学和浪漫的层次上，在此女人已经获得了作为个体的某种价值。第三个阶段把厄洛斯上升到宗教虔诚的高度，从而让他（它）[2]得以灵性化：夏娃被灵性化母性所代替。最后，第四阶段说明了某种竟然超越了几乎难以跨越的第三阶段的东西——智慧

---

1 Hawwah是“夏娃”的希伯来语，后在流传过程中被拼写为Eve；Sophia指智慧女神索非亚。——中译注

2 此处英文为him，德文为ihn，ihn在德文中多指称him，也可指称it，见《牛津杜登德英词典》。——中译注

(Sapientia)。智慧如何能够超越最神圣和最纯粹者呢？大概只是因为这样的真理——更少有时意味着更多。这个阶段代表着海伦的灵性化，相应地也是厄洛斯的灵性化。这就是为什么智慧被认为对应着《所罗门之歌》[1]的书拉密(Shulamite)的原因。

2

362 心灵世界不仅存在不同的本能，它们之间无法被强行简化，并且这些本能也在不同水平运动。鉴于这远非简单情境，移情(某种程度上也是一个本能过程)极难解释和分类就不足为奇了。本能及其特定幻想内容一部分是具体的，一部分是象征性的(即“非真实”的)，时而为此，时而为彼，而当它们被投射时，它们都有同样的自相矛盾特性。移情远非是仅有一种意义的简单情境，而且我们永远无法预先辨认出移情到底和什么有关。这一点对移情的特殊内容，即一般所说的“乱伦”，也同样适用。我们知道可以把本能的幻想内容，要么解释为征兆，即还原性地解释为本能的自画像，要么解释为象征——自然本能的灵性意义。在前述情况下，本能过程会被认为是“真实”

1 《所罗门之歌》，即《圣经》之《雅歌》。书拉密是文中的女主角，也是所罗门心目中完美女性的化身。在该文中，书拉密经过四个变化阶段(追求阶段、十字架阶段、升天阶段和在至圣所生活阶段)完成了修行得道的历程。——中译注的，而后者被认为是“不真实的”。

363 对于任何特定的个案而言，是几乎不可能说清什么是“灵性”的，什么是“本能”的。它们形成了令人费解的一团迷雾，就如一股喷发自太初混沌深处的岩浆。当一个人遇到这些内容时，立刻就能理解为什么神经症的精神平衡会被扰乱，以及为什么精神分裂症中整个精神系统会崩溃。它们散发出一种魔力，不仅仅抓住——早已抓住——了病人，而且对中立旁观者，也就是医生的无意识也有一种诱惑效应。这些无意识与混乱内容的负担，沉重地压在病人身上。虽说它们在每个人身上都会有，却只有在患者身上才变得活跃，以一种灵性的孤独把患者隔离起来。这种灵性孤独无论是患者还是任何其他人都是无法理解和必然会被错误解释的。不幸的是，如果我们不摸索着进入这个情境，只是从外部靠近它，那么就很容易用轻描淡写的话把它打发走，或者把它逼到错误的方向上。这正是长期以来病人对自己做的事情，给了医生每一个错误解释的机会。最初，这个秘密依附于他的父母，但是当这种纽带松解、投射退缩时，全部的重量就落在了医生身上，医生面对着这样问题：“你将要如何处理移情？”

364 医生通过自愿地、有意识地接手病人的精神苦恼，让自己暴露于无意识的不可抗拒的内容中，从而也暴露于其诱惑性作用中。个案开始“迷住”了他。这里再一次（强调），我们很容易用个人的喜欢或不喜欢来进行解释，却忽略了这个事实：这是一个"不解的谜团"(ignotum per ignotius)[1]。在现实中,这些个人的感情,哪怕它们具有一点点决定性程度,也是由那些被启动的相同的无意识内容所统治的。现在,在病人的幻想中,一个无意识的纽带已经被建立起来,就如文献所充分描述的,呈现出所有的形式和维度。由于或强或弱的投射产生的诱导效应,病人将一种激活的无意识内容施加于医生身上,使相应的无意识材料云集其身。如此,医生和病人发现,他们处于一种建立于共同无意识之上的关系之中。

365 但是医生要让自己意识到这个事实远非易事。人们自然不愿承认,自己会被任何一个病人以最个人的方式影响。但是这个过程发生得越是无意识化,医生越是会被诱导采取一种"避邪"的态度,而且他躲藏其后的"医学面具"正是(或者不如说看起来是)一种达成此目标的令人赞赏的工具。不离于此面具是医生的常规,还有他伪装事先知道一切的把戏,这是老练的从业者和所有从不犯错的权威最喜欢的小道具之一。然而对此缺乏洞察就成了无良庸医,不能低估的是,无意识感染带来的可能会是,疾病转移到医生身上。当然,我们必须假定,医生能更好地让群集化的内容意识化,否则这就只会导致双方被囚禁在同样的无意识状态里。这里最大的困难是,那些经常

1 拉丁语,原意是通过更多的未知造成的未知,指对某一事的解释比原意更难懂。——中译注

在医生心中被启动的内容，一般都会保持潜伏状态。医生可能是如此地正常，以至于不需要任何无意识的立场来补偿其意识情境。至少经常貌似如此，虽然在更深层次上是否如此有待商榷。他可能有充分的理由选择精神科医生这个职业，并且对神经症的治疗特别感兴趣；但是他要是不能对自己的无意识过程有所洞察，就无法把工作做好。同样他对无意识的关注，也不能完全由兴趣的自由选择来解释，还不如说，是一种命定的性情，一开始就让他倾向于医学专业。一个人对人类命运知晓越多，对人类行为的秘密源泉探查越多，就越会被无意识动机的力量和自由选择的局限所打动。医生知道——或者至少他应该知道——他并非出于偶然选择这个职业的；心理治疗师尤其应该清楚认识到，精神感染，尽管在他看来是多余的，实际上是他工作的宿命，因而完全符合他自己生活的本能倾向。这样的认识也使他对病人有了正确的态度。于是病人就对他个人有了某种意义，这为治疗提供了最有利的基础。

3

366 在旧有的前分析性心理治疗中（这可以追溯到浪漫主义时期的医生），移情就已经被定义为“融洽（关系）”（rapport）。一旦病人的初始投射被打破，它便形成了治疗性影响的基础。在治疗工作中，显然投射也只能在很小程度上模糊医生的判断，否则所有的治疗都是不可能的。虽然我们有理由期望医生至少熟悉自己身上的无意识影响，并可以要求每个意图实践心理治疗的人应首先接受“训练分析”，然而即便是最好的准备，也不足以教会他有关无意识的所有东西。彻底“清空”无意识是不可能的，因为只要其创造性力量存在，就会持续不断地产生新的形态。意识，无论它有多么广阔，都必然被保持在无意识这个大圈子内的小圈子中，如一座被大海包围的岛屿。正如大海一样，无意识产生了无穷无尽的、自给自足的、丰富多彩的生物，是我们无法估量的财富。我们可能早已知道无意识内容的意义、影响和特性，却从未估量过它们的深度和潜能，因为它们有无限的变化，永远不会被穷尽。实践中达到这些目标的唯一方法就是努力获得一种有意识的态度，能够允许无意识来合作，而不是将之驱赶到意识的对立面去。

367 即使是最有经验的治疗师也会一再发现，他陷入一种联系中，一种依托在交互无意识之上的结合中。尽管他可能相信自己拥有关于群集化原型的所有必要知识，但他最终会意识到，确实有很多东西是他的学术知识从未梦想过的。每个需要彻底治疗的新个案都是开创性工作，每次因循守旧都会被证明是死路一条。因此更高层次的心理治疗是一项最艰巨的任务，有时它不仅挑战我们的理解力或同情心，也挑战我们整个人。医生倾向于要求其病人能够全力以赴，但是他必须认识到，只有当他意识到同样的要求也适用于他自己时，这种要求才会奏效。

368 早先说过，进入移情的内容，起初通常都是投射到父母或其他家庭成员身上的。这些内容很少或从未缺少过性欲的一面，又或者实质上就是真实的性欲内容(除了前面提到的其他因素)。因此，一种乱伦的特性无疑会依附于其上，由此产生了弗洛伊德学派的乱伦理论。对医生的异系交配性移情并不会改变这种情况。他只是通过投射被卷入家庭乱伦的特殊氛围中。这会导致一种不真实的亲密感，对医生和病人来说都是异常痛苦的，并且唤起双方的阻抗和怀疑。对弗洛伊德最初发现的激烈反对不会带来任何结果，因为我们面对的是一个可被经验证实的事实，而它已得到如此普遍的确认，只有无知的人才会仍然试图去反对它。但是就其本质而言，对这一事实的解释是极具争议的。乱伦是出于一种真实的乱伦本能，还是一种病理性变化？或者，乱伦是权力意志的一种“安排”(阿德勒)？或者，乱伦是正常力比多[1]退行到了婴儿水平？[2]或者，所有乱伦幻想都纯粹是象征性的，因而都是在精神史上居于非常重要地位的乱伦原型的重新激活？

369 对所有这些迥然不同的解释，我们或多或少可以得出令

---

1 读者会知道我所理解的力比多，不是原本的弗洛伊德派意义上的appetitus sexualis(性欲)，而是一种可以被定义为精神能量的appetitus(欲望)，参见*On Psychic Energy*, 82。

2 这个观点我以前在《精神分析的理论》(*The Theory of Psychoanalysis*, 92)中作为对某些过程的解释提出过。

人满意的论点。引发最多攻击的观点可能是，认为乱伦是一种真实本能。但是，考虑到几近普世盛行的乱伦禁忌，我们可以合理地提出，一个东西要是不被喜欢或渴望，一般就不需要任何禁令。以我之见，每一种解释在某一点上都是有道理的，因为所有相应的含义都存在于具体情景中，尽管其有不同的强度。有时某一方面占优势，有时另一方面占优势。我根本不会断言说，上述清单不能被进一步补充了。

370 然而，在实践中，乱伦如何被解释至关重要。解释会根据案例的性质、治疗的阶段、病人的洞察力及其判断的成熟度而有所不同。

371 乱伦元素的存在不仅涉及理性的困难，最糟糕的是，涉及治疗情境的复杂情感。这个地方，隐藏着所有最隐秘、最痛苦、最强烈、最微妙、最羞耻、最怯懦、最怪诞、最不道德的情感，同时也隐藏着最神圣的感觉，它们也构成了人类关系中不可思议、令人费解的财富，并赋予它们令人信服的力量。就像章鱼的触手，无形地缠绕在父母和儿童身上，并通过移情，缠绕着病人和医生。这种联合的力量表现在神经症症状那份无可抗拒的力量及固执中，表现在患者对婴儿世界或对医生的绝望依附中。用“附体”这个词描述这种状态是无比贴切的。

372 无意识内容产生的明显效应，让我们可以推断出有关其能量的一些东西。所有的无意识内容一旦被启动——也就是，一旦它们让自己被感受到——就拥有一种特殊的能量，使它们能在任何地方表现自己（例如，乱伦主题）。但这种能量通常还不足以将内容注入意识。要做到这一点，意识心灵这边，必须有某种先天素质，也就是说，一种以能量丧失形式表现出来的缺陷。丧失的能量会提升无意识中某些补偿性内容的精神效能。这种"精神水平的降低"，是一种在原始人的"灵魂丧失"中得到最彻底表现的现象，原始人也有有趣的心理治疗方法可重新捕获迷途的灵魂。这里不宜详细讨论这些事情，所以稍微提一下应该就足够了。[1]类似现象也可在文明人身上观察到。他也容易在没有明显原因的情况下突然丧失主动性。要发现真正原因不是容易之事，一般会导致人们去讨论那些有点棘手的、潜伏在背景中的事情。各种形式的粗心大意、被忽视的职责、被拖延的工作、故意的挑衅等等，所有这些都会阻塞他的能量，当达到一定程度后，它们就再也找不到一个意识出口，而只能冲入无意识层面。在无意识中，它们又激发出相应的补偿内容，从而对意识心灵产生一种强制性影响。（所以说，极端的玩忽职守和强迫性神经症是非常常见的组合！）

373 这是可能造成能量丧失的一种方式。另外一种方式不是通过意识心灵的故障造成能量丧失，而是通过无意识内容"自然"地激发，再作用于意识心灵。人生中某些时刻翻开了新的

1 Cf. Frazer, *Taboo and the Perils of the Soul*, 45, pp.54ff.

篇章，从未受到注意的新兴趣和新倾向显现出来，或人格发生突然改变（所谓的“性格突变”）。在此类剧变的孕育期，我们经常能观察到意识能量的丧失：新的发展从意识抽走了它所需要的能量。这种能量降低的状态，在某些精神病的初发期，及创造性工作之前的空寂时刻，都能被清晰地看到[1]。

374 因此，无意识内容的显著潜能，总是提示着意识心灵及其功能相应的弱势。这就好像后者受到了无能的威胁。对原始人来说，这种危险就是“魔力”的最可怕的例子之一。所以我们可以理解，何以在文明人中也能找到这种秘密的恐惧。在严重情况下，这表现为一种害怕发疯的秘密恐惧；在较不严重情况下，其表现为对无意识的恐惧——这种恐惧即便正常人，也会通过他对于心理学观点和解释的抵抗表露出来。当涉及对艺术、哲学和宗教的所有心理学解释时，这种抵抗会显得近乎荒诞，就好像人类精神和这些东西绝对没有或者不应该有任何关系。医生在咨询过程中会了解到这些防御严密的领域：它们就像岛屿上的城堡，神经症患者借此来躲避那些章鱼。（“快乐的神经症岛屿”，正如我的一位患者如此称呼自己的意识状态。）医生充分觉知到，患者需要一个岛屿，没有的话，他可能会失落。它是他意识的避难所，也是对抗无意识包

1 同样的现象可以在较小的规模上看到，但是同样明显的是，如在任何特定的精神活动之前，如考试、演讲、重要访谈等等，都会出现忧虑和抑郁。

围的最后堡垒。同样道理，正常人的禁忌区也是心理学千万不要碰触的。但是既然防守永远不能赢得战争，所以一个人必须为了终结战争而与敌人展开谈判，看看他的条件究竟是什么。这就是自愿充当调解人的医生之意图。他一点也不想打扰这个有点不太稳定的岛国的田园风光，或者拆毁那些防御设施。相反，他庆幸的是，如果有这么一个稳固的据点，他就不必一开始就到混沌中去寻觅了，那可是一个相当绝望、困难的工作。他知道这个岛屿有点狭小，岛上生活相当贫乏，而且受尽各种想象需求的折磨，因为太多的生活都被弃之门外，结果创造了一只可怕的怪兽，或者不如说，是把它从沉睡中唤醒。医生也知道，这个看起来使人害怕的动物与这个岛屿有着某种秘密的补偿关系，能够供应这个岛屿所缺乏的一切。

375 然而，移情改变了医生的心理状态，尽管在一开始时他无法察觉。他也会受到影响，并且变得难以区分什么是患者的，什么是从外而来占据了他自身的东西，就像患者一样。这让他们两个都要直接面对潜伏于黑暗中的恶魔力量。结果是产生了一些矛盾性的交融——积极和消极、信任和恐惧、希望和怀疑、吸引与排斥——这种交融也正是初始关系的特征。这是各种元素的“爱恨交织”(νεῖχος χαὶ φιλία)，炼金术士将它比作原始的混沌(primeval chaos)。被激发出来的无意识看起来就像一阵对立面释放出来的疾风，并且试图调和它们，因此，用炼金术士的术语来说，伟大的万灵药(panacea)，即灵丹妙药

（medicina catholica），才可能诞生。

4

376 需强调的是，在炼金术中，那种黑暗的初始状态或“黑化”（nigredo）[1]，通常被认为是先前运作的产物，因而它并不代表绝对的开始。同样，“黑化”的心理对等物也是前面初始性谈话的结果。这类谈话在某个时刻，有时候会延迟很久，“触碰”到了无意识，并且建立起医生和病人的无意识身份[2]认同。这个时刻也许会被有意识地察觉和铭记，但是一般来说，它发生在意识之外，而如此建立起的连接只能在后来，通过其结果，间接地被认识到。在此前后有时会出现梦境，宣告着移情之显露。如梦可能表现为，地窖里起火了，或者小偷闯进来了，或是病人的父亲死了，或是它可能描述一种色情的或是其他某种暧昧的情况。[3]这样的梦出现的时候，有一个古怪的无意识时间位点

---

1 nigredo（黑化）被认为和putrefactio（腐烂）一样，它不是在一开始就出现的，正如在《哲学玫瑰园》（*Rosarium philosophorum*，2，xiii，p.254）的系列图片中一样，在Mylius（120，p.116）的书中，nigredo看起来仅仅出现在工作的第五阶段，即“在炼狱的黑暗中，得到庆祝的腐败”，但是往下（p.118），我们读到了与之矛盾的一段：“而这个denigratio（变黑）是工作的开始，提示着腐败的出现。”

2 “无意识的身份认同”和列维·布留尔的“神秘参与”一样。（Cf. *How Natives Think*，109）

3 此刻的一个形象呈现，以一道闪电和石破天惊的形式表达出来，可参见我的《自性化过程研究》（“Study in Individuation”，90，fig.2）。

被启动了，会持续数月乃至更长。我经常观察到这个过程，这里将举一个实际的例子：

377 在治疗一位六十多岁的女士时，我对她在1938年10月21日做的梦印象深刻，此梦如下："一个美丽的小孩，六个月大的女孩，正在厨房里跟她的祖父母、她母亲和我一起玩。祖父母在房间的左边，小孩子站在厨房中央的方桌上。我站在桌子旁边跟小孩玩。老妇人说，她简直不敢相信我们认识这个孩子才六个月。我说，这并不奇怪，因为早在她出生之前，我们就认识并喜爱这个孩子。"

378 显而易见，那个孩子是某种特别的东西，譬如，小孩英雄或是神圣小孩。(梦中)没有提到父亲，其缺席是场景的一部分。[1]作为事发地的厨房指向无意识。四方桌是"四相性"(quaternity)，是"特别"小孩的经典基座[2]，因为小孩是自性的象征，而四相性则是这自性的象征性表达。如此的自性是无时

---

1 因为他是"未知之父"，诺斯替教中可见到的一个主题(Bousset, 30, Ch. II, pp.58—91)。

2 见弗吕厄的尼各老(Nicholas of Flüe，基督教圣徒)的幻像，在四方的水池中，三重的喷泉涌起(Lavaud, 105, p.67, and Stöckli, 154, p.19)。一个诺斯替的文本说，"在第二个父性中，五棵树站立在那里，在它们当中，是一个餐桌(τϱάπεζα)，在餐桌上，竖立着一个独生词λόγος μονογενής"(Charlotte Baynes, 23, p.70)。餐桌是τετϱάπεζα，一种四脚桌或讲台的缩略版(同上，p.71)，见Irenaeus, 72, III, 11。他比较了以西结幻像中的四天使和四福音书、世界四大宗教和四种风："从此清楚的是，他是事物的制造者，是词语'逻各斯'，坐居于天使之上，并把所有事物结合在一起，赐予我们四福音书，它们都包含在一个灵性中。"有关厨房，参见Lavaud, 105, p.66以及Stöckli, 154, p.18。

间性的，存在于任何生命诞生之前[1]。做梦者深受印度著作的影响，非常熟悉《奥义书》，但是对中世纪基督教的象征意义却不甚了解。小孩的确切年龄让我要求梦者查阅她的笔记，看看在六个月前无意识中发生过什么事。在1938年4月20日这一栏，她看到了下面这个梦：

379 “和另外几个女人一起，我看着一块织毯，一块上面有些象征人物的四方毯。过了一会儿，我跟一些女人坐在一棵神奇的树前面。那棵树长得很茂盛，起初它看起来像某种针叶树。但是接着在梦里，我认为那是一棵猴谜树（属南洋杉树），树枝像蜡烛一般笔直向上（会被误认为是枝状大烛台）。一棵圣诞树嵌在这棵大树里，其嵌入的方式让它乍看起来像一棵树而不是两棵。”梦者一醒来就写下此梦，且眼前就有一幅生动的树的图像。突然她眼前又出现一幅画面：在树根部躺着一个小小的金色小孩（树的诞生主题）。她因此继续着梦中的感觉。这毫无疑问是描绘了神圣（金色）小孩的诞生。

380 但是在1938年4月20日之前的九个月发生过什么事呢？1937年7月19日到22日之间，她曾画过一幅画，画的左边是一堆彩色且光滑（珍贵）的石头，一条长翅膀、戴皇冠的银蛇盘绕其上。画的中央站着一位赤裸女性，在她的生殖器区也有一条银蛇，仰头直指她的心脏，而心脏突然变成了一颗五角的、熠熠

1 这不是超物理学的陈述，而是心理学事实。

闪光的金星。一只彩色的小鸟从右边飞下来，嘴里衔着一根嫩枝。在嫩枝上有五朵花，其中四朵是并列一组的，一朵黄色、一朵蓝色、一朵红色和一朵绿色，而顶端的一朵则是金色的——显然这是一个曼荼罗的结构。[1]蛇代表昆达利尼的嘶嘶上升，在相应的瑜伽中，这标示着一个过程的开始，这个过程结束于在神圣自我中神化，也就是湿婆神与沙克蒂神的会合。[2]显而易见，这是象征性受孕的时刻，它既符合密宗，而且——因为那只鸟——也符合基督教，因为混合有诺亚的鸽子、橄榄枝及天使传报的象征。

381 这个案例，尤其是最后的意象，是经典的象征，标志着移情的开始。诺亚的鸽子（调和的原型），“神的道成肉身”（incarnatio Dei），为的是引出救世主的神和物质的联合，那蛇的轨迹代表着日月之间中道的中脉——所有这一切都是第一步的预想阶段，是一个仍未实现的、让对立面的联合达到顶峰的过程。这种联合类似于炼金术中的“皇室联姻”（royal marriage）。前驱事件预示着各种对立面的会合或碰撞，从而可以被恰当地称作混沌和黑暗。如上所述，这可能发生在治疗的开始，或者它可能先经历一个漫长的分析，一个和解的阶段。尤其当患者有强烈阻抗，并伴随对无意识启动内容的恐

1 有关衔着开花嫩枝的鸟，见《哲学玫瑰园》的图2和图3。

2 Avalon, *The Serpent Power*, 20, pp.345f.

惧时。[1]这些阻抗有很好的原因和充分的理由，无论在任何情况下都不应该被恣意压制，或者被完全劝退。它们也不应该被轻视、贬低，或者被认为是荒谬的，相反，它们应该得到最认真的对待，应把它们当作极其重要的防御机制，用以对抗往往是难以控制且过于强大的内容。通常的规律是，意识态度的虚弱性和阻抗的强度成正比。因此，当存在强烈阻抗时，就必须仔细看护好和病人的意识性融洽关系，而且（在某些情况下）他的意识态度必须被支持到一定的程度，考虑到之后的发展，他必须让自己承受最明显的不一致性。这是不可避免的，因为一个人永远都不能太过确定地说，病人意识态度的虚弱状态，可证明随之而来的无意识的突袭也是同等虚弱。实际上，医生应该继续支持病人的意识（或弗洛伊德所言"压抑"）的态度，直到病人可以让"压抑"的内容自然地升起。万一有无法事先检测到的潜伏性精神病[2]，这个谨慎的程序也许能避免无意识那毁灭性的入侵，或至少能及时地捕捉到它。无论如何，此后医

---

1 如我们所知，弗洛伊德从个人心理学的立场来观察移情问题，从而忽略了移情的核心本质——原型性自然本性的集体内容。他这样做的原因是其众所周知的对原型意象的精神现实性的负面态度，他蔑称之为"幻觉"。这种物质主义的偏倚性，妨碍了严格运用现象学原则，而无现象学原则对精神的客观研究就绝对不可能。我对移情问题的处理和弗洛伊德相反，包括了原型部分，从而给出了一幅全然不同的图景。弗洛伊德对此问题的理性处理，在其纯个人假设所及范围内是合理的，但是它们无论在理论还是实践上，都走得还不够远。因为它们没有公正地对待渗入的、明显的原型性数据。

2 潜伏性精神病和显性精神病的数字比例大约等于潜伏性肺结核和活动性肺结核的比例。

生也可问心无愧，他知道自己已竭尽所能地避免致命后果的发生。[1]这里补充一点，也不算离题的，就是对意识态度的一贯支持本身具有高度的治疗价值，而且也经常带来令人满意的结果。想象无意识分析是唯一的灵丹妙药，从而应用于每一个案，这是一种危险的偏见。无意识分析更像外科手术，我们只有在其他方法都失败的时候才诉诸手术刀。对无意识最好是置之不理，只要它没有侵扰到自己。读者应该很清楚，我对于移情问题的讨论，并不是在描述心理治疗师的日常工作，而是在描述当由意识心灵正常施加于无意识的控制被扰乱时会发生什么事，虽然这种扰乱并不是必然会出现。

382 那些移情的原型问题变得紧急的个案，绝对不总是“严重”的个案，即病情严峻者。当然其中也会有此类严重个案，但是也有轻微神经症，或者就只是我们无法诊断的心理困难而已。奇怪的是，正是后两种案例给医生带来了最困难的问题。往往相关的人忍受无可言说的痛苦，却没有产生任何够资格被称为疾病的神经症症状。我们只能说这是强烈的苦恼，一种灵魂的激情，而不是心灵的疾病。

1 弗洛伊德提到的对移情理性解决方案的强烈阻抗，往往是因为这一事实：在某些移情的明显性欲化形式中，存在着隐匿的集体无意识内容，它们抵抗所有的理性解决方案。或者，如果这种解决方案成功的话，病人就被斩断与集体无意识的联结，并逐渐对此感受为一种丧失。

5

383 一旦无意识的内容群集起来，它倾向于破坏医生与病人之间的意识的信任关系，通过投射创造出一种幻觉的气氛，这种气氛要么导致持续的误解，要么制造出一种令人极度不安的和谐印象。后者甚至比前者更加让人难以忍受，最坏的情况下（虽然有时是为了最好的治疗效果）只会阻碍治疗，而在另一种情况下，需要付出巨大的努力才能发现差别之处。但是不论何种情况，无意识的群集都是一个棘手的因素。治疗情境被笼罩在一种迷雾中，而这跟无意识内容的本性完全吻合：它是“黑中之黑”（nigrum, nigrius nigro）[1]，如同炼金术士所说的那样，它还充满着危险的极性张力，充满着“敌对元素”（inimicitia elementorum）。一个人发现自己处于一团无法穿越的混沌中，混沌实际上是神秘的“原初物质”（prima materia）的同义词。“原初物质”或称“原质”在每一方面都对应着无意识内容的本质，只有一个例外：这一次它没有在炼金物质中显现，而是显现于人自身。在炼金的情况下，很明显的是，无意识内容是有人类起源的，正如我在《心理学与炼金术》中描述的。[2]这个“原初物质”或者“哲人石”（lapis philosophorum），成百年来一

---

1 Cf. Lully, 3, ii, pp.790ff., and Maier, *Symbola*, 114, pp.379f.

2 201, pars.342f.

直被追寻，却从未被发现过，正如一些炼金术士所猜测的，它应该在人自身中寻找。但是看起来这个内容永远也不能被直接发现和整合，只有通过投射的迂回路线才行。因此，无意识通常首先以投射形式显现出来。每当它不请自来，直接侵入视觉、梦境、精神启迪、精神疾病之中时，总在此前有一些精神状态明确地证明投射的存在。一个典型的例子是扫罗（Saul）在基督以幻像显现在他面前之前对基督徒的狂热迫害。

384 这难以捉摸的、欺骗性的、不断变化的内容，像恶魔一样控制着病人，在病人和医生之间飞来飞去，作为（治疗）同盟的第三方持续着它的游戏，时而顽皮，时而邪恶。炼金术士们恰当地把它拟人化为诡计多端的启示神，赫尔墨斯（Hermes）或者墨丘利（Mercurius）。虽然他们对他捉弄他们的方式叹息不已，但是仍然给予他最高的名号，这使他和上帝也相差无几。[1]但是尽管如此，他们仍然认为自己是好的基督徒，诚信之心不容置疑，并以虔诚的祈祷开始和结束自己的专著。[2]然而，如果我只把自己局限在对墨丘利（他那顽皮的闹剧、他那无尽的干涉、他那含沙射影、他那令人迷惑的理念和诡计、他的矛盾性和

1 Cf. *The Spirit Mercurius*, 89.

2 所以“Aurora consurgens”（2，iii，pp.246ff.）一书以这样的言辞结束：“且这是哲人们的经核实的医药，我们的主耶稣基督，和圣父、圣灵同住同治的主，永永远远的唯一的神，他设计了此医药，给那忠诚的、虔诚的、用心良善的追寻者。阿门！”这个结论无疑来自Offertorium（祈祷词），那里如此说：“耶稣基督，神子，我们的主，允诺要成为我们人类一分子，在和圣灵的合一中与神同住同治，唯一的神，没有终点的世界。阿门。”

他那常常是千真万确的恶意）的负面描述上，那就完全是对真相不公正的压制。他也能够从事相反一端之事。我很能理解何以炼金术士赋予他们的墨丘利最高的精神品质，虽然这与其极度阴暗的性格形成鲜明对比。无意识内容的确是最重要的，因为无意识毕竟是人类心灵及其创造能力的所有基模。尽管无意识的另一面如此精妙灵巧，但由于其本质，它可能是最具危险和欺骗性的。人们不由自主会想起圣达修（St. Athanasius）在其《圣安东尼的一生》中提到的魔鬼，他们虔诚地交谈，唱赞美诗，阅读圣书，最糟糕的是——他们说出真理。我们心理治疗工作中遇到的困难教会我们去寻找真、善、美。它们未必在我们寻找它们之处被发现，常常是藏在泥土中，或者被巨龙守护着。“它在误会中被发现”（In stercore invenitur）[1]——炼金术谚语如此说。尽管如此，它并不会有任何贬值。但是，它并未改变尘土，也未减弱邪恶，无论什么都不能减少上帝的恩赐。这种对立是痛苦的，这种悖论是令人困惑的。有如下的说法：

在上之天
在下之天
在上之星
在下之星

1 Cf. *Tractatus aureus*, 1, i, p.21.

凡在上者

亦皆为下

证得此道

其乐无穷[1]

但这话太过乐观和肤浅，忽略了对立面所带来的道德折磨以及伦理价值的重要性。

385 对“原初物质”即无意识内容的精炼，要求医生方面有无尽的耐心、毅力[2]、镇定、知识及能力；而对病人方面的要求是，他能拿出自己最佳的力量并具备感受痛苦的能力，这样就不会让医生觉得完全不受影响。基督教美德的深层含义，尤其是其中最伟大的美德，即便对不信教的人来说也是明显的，因为会有些时刻，他需要所有这些来把他的意识和他的生命于这团混沌中拯救出来。混沌不带暴力地最终消亡，并非简单之事。如果这项工作成功了，它像一个奇迹，人们就能理解，是什么激发炼金术士在他们的秘方中加入一个衷心的“屈服于神”(Deo concedente)，或者考虑到，只有上帝行使奇迹，他们的炼金过程才会得到圆满的结果。

1 Kircher, 98, II, Class X, Cap. V, p.414.这个文本和《翠玉录》有关联；cf. Ruska, 149, p.217。

2 《哲学玫瑰园》(2, xiii, p.230)中说道：“你必须知道这是一条漫长的道路，因而在我们的位置上是需要耐心和镇静的。” Cf. *Aurora consurgens*, 19, Ch.10：“也就是说，需要三件事情：耐心、镇静和操作器具的技能。”

6

386 读者可能觉得奇怪的是，一个“医疗程序”竟会引发如此考虑。虽然就躯体疾病而言，没有任何疗法能说是在任何情况下都万无一失的，但是仍然还有很多疗法可以达到想要的效果，而无须医生或病人加入一种“屈服于神”的配方。但是我们这里处理的不是身体，而是精神。因此，我们不能使用描述身体细胞和细菌的语言，我们需要另一种语言和精神本质相应，同样我们必须有一种态度，能衡量危险并能应对危险。而所有这一切都必须是真诚的，否则它就不会起效了；如果它是空洞的，将会同时损害医生和病人。“屈服于神”不仅是华丽的辞藻而已，它表达了一个人的坚定态度：他不会想象自己在每个场合都比别人知道得更多，并能充分觉知到，在他面前的无意识材料是某种鲜活的东西，是一个悖论性墨丘利。一位年老的大师就如此说：“他是被自然加工过的，但是只是一点点，她把他转变成金属，但尚未完成。”[1]因而，这是一个自然的存在，渴望在人的整体性中得到整合。它就像一片原始的心灵碎片，意识尚未贯入其中创造出分隔和秩序，它是一个“联合之二元本质”——如歌德所说，一个模糊的深渊。

---

1 *Rosarium*, 2, xiii, p.231. 炼金术士们在“金属形式”中所看到的，就是心理治疗师在人身上所看到的。

387 既然我们不能设想（除非我们已完全失去判断能力）今天的人类已达到意识的最高可能水平，那么就必然存在一些潜在的无意识精神剩余，其发展会造成意识的进一步扩展和更高程度的分化。没有人能说这个“残余”有多大或多小，因为我们无法测量意识发展的可能程度，更不用说测量无意识发展的程度了。但毫无疑问，存在着一团原始的、未分化的“混沌”（massa confusa），它不仅在神经症和精神病中展现自己，同样也构成了无数并非真正病态的人的“柜中骷髅”（skeleton in the cupboard）。我们习惯于听到，每个人都有他自己的“困难与问题”。我们只是接受它，把它当作是老生常谈，而没有考虑这些困难与问题真正意味着什么。为什么一个人永远无法对自己满意呢？为什么一个人会不可理喻？为什么一个人不总是善良的，为什么一个人必然会让魔鬼有机可乘？为什么一个人有时说太多，有时说太少？为什么一个人会做愚蠢之事，而只要事先稍微想一下，这些事情就可以轻易地避免？是什么总是让我们受挫，阻挠我们最良好的意图？为什么有些人从来没有注意这些，甚至不承认它们的存在？最后，为什么成群的人在最近三十年会发生具有历史意义的精神错乱？为什么两千四百年前毕达哥拉斯不能一劳永逸地确立智慧规则，或者为什么基督教不能在地球建立其天国？

388 教会有魔鬼的教条，邪恶原则的教条。我们喜欢把魔鬼想象成具备偶蹄、角和尾巴、半个乳房、来自地府之神。他显然是从狄俄尼索斯的盛大宴会逃出来的，是异教徒之罪恶愉悦的唯一幸存斗士。此图绝妙无比，准确描绘了无意识怪诞邪恶的一面。因为我们从来没有真正掌握过它，因此它一直保持着其原始野蛮状态。

389 如果像许多人乐于相信的那样，无意识仅仅是罪恶，仅仅是邪恶，那么情况就简单了，道路就清晰了：行善而不作恶即可。但什么是"善"，什么是"恶"呢？无意识不仅是本质上是邪恶之物而已，它也是至善的来源[1]；不仅是黑暗，也是光明；不仅是兽性的、半人的、恶魔样的，也是超人的、灵性的，而且是"神圣"的——以这个词的经典意义来说。将无意识拟人化的墨丘利[2]基本上是"双重的"，本质上是悖论二元性的，是朋友、怪物、野兽，同时也是万灵药、"哲人之子"、"天主智慧"(Sapientia Dei)和"圣灵之礼物"(donum Spiritus Sancti)。[3]

390 既然如此，那么所有简单解决此事的希望都破灭了。所有关于善与恶的定义都变得可疑或实际上无效了。作为一种道德力量，善与恶是坚不可摧的，也是刑法典、十诫和传统基督

1　这里我必须特别强调，我并未涉足形而上学或讨论信仰问题，而是在讨论心理学。无论宗教体验或形而上学如何自成一体，从经验角度看，它们基本上是心理现象，即它们以心理现象表现出来，从而必然服从于心理学批评、评价和调查。科学止于自己的边界。

2　Cf. *The Spirit Mercurius*, 89.

3　炼金术士也把他比作路西法(光之使者)，上帝的堕落的和最美丽的天使。Cf. Mylius, 120, p.18.

教道德所不容置疑的简单真理。但是，相互冲突的忠诚要微妙得多，也危险得多。一颗被世俗智慧磨砺的良心，不再能够满足于训诫、理念和美言。当它必须要处理原初精神的残余，孕育未来和渴求发展时，它越来越不安，四处寻找某种指导原则或固定点。的确，一旦在我们处理无意识的过程中达到这个阶段，这些迫切需要得到之物就变成紧迫的需要了。既然今天这个世界唯一可见的有益力量是被我们称为“宗教”的伟大“心理治疗”系统，从中我们期望灵魂的救赎，那么，很自然地许多人会做出情有可原的、常常也是成功的努力，为他们自己在现存的信仰中找到一个神龛，并且在传统留存的真理中获得较深的领悟。

391 基督教教会所阐述的教条式真理几乎完美地表达了精神体验的本质，此解决方案是正常的和令人满意的。它们是灵魂秘密的储存室，此无与伦比的知识以辉煌的象征意象来详尽表述。因此，无意识与教会的灵性价值观有一种自然的亲近，尤其是这些灵性价值观的教条形式，其特殊性归功于几个世纪以来的神学争论——在后代的眼中看起来是愚蠢的——以及很多伟大人物的激情奋斗。

7

392 对于给无意识混沌寻找收容所的任何人来说，要不是任何人为之物，无论如何精致，终究有其不完美之处的话，教会都是一个理想的解决方案。事实是，回归教会，比如回归到某一特殊信条，并非一般通则。更常见的是，对宗教本身有更好的理解和更深刻的联系，而“宗教”本身不能与信条混淆。[1]在我看来，这主要是因为，任何能认识到基督教因分裂而形成两种观点、两个流派的合理性的人，都不能否认另一方排他性的言之有理，否则就是自我欺骗。作为一名基督徒，他必须认识到，他所归属的基督教世界已经分裂了四百多年，认识到他的基督教信仰非但没有救赎他，反而使他陷入一场冲突，一场仍然在撕裂基督之体的分歧中。这就是事实，任何一种要求做出有利于自己的决定的信条都不能否认这些事实，虽然每种信条都完全相信自己拥有绝对的真理。这种态度对现代人是不公平的，他能看清楚新教相对于天主教的优势，反之亦然。他痛苦地明白，这种教派的争执正把他逼入绝路，让他无法做出更好的判断，换句话说，正在诱使他犯对抗圣灵的罪。他甚至明白为何教会必然如此行事，而且知道教会也必须如此行事，免得任何一个快乐的基督徒会以为自己已经安睡于亚伯拉罕的“预期之怀”[2]中，被拯救了，平安了，没有了一切的恐惧。基督的受难延续着——因为基督的生命存在于“奥体”（corpus mysticum）

1 Cf. *Psychology and Religion*，86，pars. 6f.（1938 ed.，pp.4ff.）

2 “Abraham’s anticipated bosom”，基督教谚语，指无罪之人死后将上天堂，出自《路加福音》16：22：“后来那讨饭的死了，被天使带去亚伯拉罕的怀里。”——中译注中，或者是因为基督的生命在两大阵营中，是与自己冲突的，没有任何一个诚实的人可以否认这种分裂。因此，我们恰好置身于一个神经症患者的情境中——他不得不痛苦地意识到自己正处于冲突之中。一再地努力压抑另外一面，只会使他的神经症恶化。医生必须建议他如其所是地接受冲突，接受它不可避免地会带来很多苦恼，否则冲突永远不会结束。聪明的欧洲人，如果对此问题感兴趣的话，都是有意识地或半有意识地信奉新教的天主教徒或信奉天主教的新教徒，他们也不会因此变得更糟。告诉我这样的人不存在是没有用的：这两类人我都见过，而且他们让我大大提高了对未来欧洲的希望。

393 但是，一般来说，公众对教会的负面态度似乎较少是宗教信仰的结果，而多是心理懒散以及对宗教的无知所引起的。我们可以对人类臭名昭著的灵性匮乏感到愤怒，但当一个人是医生时，他并不总是认为疾病是难以处理的，或病人是道德低劣的；相反他会假设，负性的结果可能是由于使用疗法不当引起的。虽然有理由怀疑，人类在已知的五千年文明中，是否在道德方面取得了明显的哪怕是细微的进步，但不可否认的是，人类在意识及其功能方面，有了显著的发展。尤其是，意识以知识的形式得到了巨大扩展。不仅个体的功能发生了分化，而且很大程度上这些功能可以被自我控制了，换句话说，人的意志发展了。当我们把自己的心智和原始人比较时，这尤其显著。跟早期相比，我们自我的安全性已经得到了巨大提升，甚至不惜有冒险的飞跃,虽然有时在提到“神的旨意”时,我们不知道自己在说什么,因为同时我们断言:“有志者事竟成。”而谁会想到祈求上帝的帮助,而不是求助于其同胞的善意、责任和义务、理性或智慧呢?

394 无论我们如何看待这些观念的变化,都无法改变其存在这一事实。现在当个体意识状态有明显变化时,被群集的无意识内容也会变化。意识状态离某个平衡点越远,无意识里努力要重建平衡的内容就越有力量,相应也就越危险。这最终导致一种解离:一方面,自我意识骤然努力要摆脱一个看不见的对手(如果它没有怀疑隔壁邻居是魔鬼的话!);而另一方面,它日渐成为一个内在的“执政反对党”的暴虐性意志的受害者,这个内在的“执政反对党”展现出恶魔般的衣冠禽兽和超人之组合的所有特征。

395 当几百万人进入这种状态,就会产生这样一种情况,这种情况在过去十年的每一天都提供给我们有益的教训。这些当代事件以其独特性泄露出它们的心理背景。这种毫无理性的毁灭和破坏是对意识偏离平衡点的一种反应。因为在精神自我和非自我之间的确存在一个平衡,那个平衡是一种“宗教”(religio)[1],一种对始终存在的无意识力量的“仔细考虑”,而我们却忽视了这些力量。由于人类意识状态的转变,现存的危机

1 我使用的是religio这个词的经典词源学意义,而不是教会神父们的意义。

已经酝酿了几个世纪。

396 教会是否已经适应了这种世俗的变化？它们的真理也许比我们所知更有权利称自己为"永恒"的，但是其世俗的外衣必须向世间众生的瞬息万变致敬，并且应该考虑到精神的变化。永恒真理需要的是能与时俱进的人类语言。原始意象经历不断的转化，却始终保持不变，只是换成了新的可被重新理解的形式。当每一种表述都过时的时候，如果不想丧失其对"快速变化的墨丘利"（fugax Mercurius）[1]的吸引力而让有用但危险的敌人逃走的话，它们总是需要新的解释。"旧瓶装新酒"是怎么回事？新纪元的灵性需要和烦恼的答案在哪里？又有哪些知识可以用来解决当代意识发展所提出的心理问题？"永恒"真理以前从未面对过如此傲慢自大的意志和力量。

8

397 在这里，除了更个人的动机外，也许较深层的原因是，欧洲大部分地区已屈从于新异教和反基督，并且建立起追寻世俗权力的宗教理想来反对建立在爱之基础上的形而上理想。但是不属于教会的个人决定并不必然意味着反基督的态度；它

1 Maier, *Symbola*, 114, p.386.

的意思可能正好相反：用圣奥古斯丁的话来说[1]，在人类心中再建神的王国，在这个王国中，“复活圣迹”（mysterium paschale）在其内在的和较高的意义上得以完成。古老而过时的观念把人看作是一个小宇宙，包含着一个最重要的、仍有待探索的心理学真理。在以往时代，这一真理被投射到身体上，正如炼金术把无意识精神投射到化学物质上一样。但当小宇宙被理解为内在世界时就完全不同了，在无意识中，其内在本质已被匆匆一瞥。奥利金（Origen）[2]的话中可见对此的一个提示：“理解到你是第二个小世界，日月在你之中，还有星辰。”[3]正如宇宙不是一堆消融的微粒，而是安住于神之怀抱的统一体一样，人类也不应陷入以无意识为模型的各种可能性和倾向性的旋涡之中，而应成为包含所有这些可能性和倾向性的统一体。奥利金适切地说：“你看到的他，看起来是一个人，实际上不是一个人，只要他一有念想，在他之中就有很多人。”[4]被无意识占有意味着被撕裂为很多人或事，一种“分离”（disiunctio）。这就是为什么，按照奥利金的说法，基督徒的目标是成为一个内在统一

1 *Epistula LV*, 18, v, 8.

2 奥利金（约公元185—254年），基督教学者和神学家，可能生于亚历山大。他最有名的著作是《六种经文合璧》，一个有六种以上文本对照的《旧约》版本。他的新柏拉图主义神学最终为教会的正统派所抛弃。——中译注

3 *Hom. in Leviticum*, 126, 5, 2.

4 Ibid.

的人类一员。[1]盲目地坚持教会的外在团体自然无法实现这一目标，相反，它无意中提供了内在的非统一感，通过使用一种外在的容器，而没有真正地把“分离”变成“化合”。

398 从“黑化”或“黑暗”（tenebrositas）开始的痛苦的冲突被炼金术士们描述为“分离”（separatio）或“元素解离”（divisio elementorum），“溶解”（solutio）或“焚烧”（calcinatio）或“焚化”（incineratio），或描述为身体的分割、难以忍受的动物献祭、母亲之手或狮子之爪的截肢、新郎在新娘体内的微粒化，等等。[2]在这种极端形式的“分离”进行时，存在着一种秘密的转化——无论是物质的还是灵性的——这种转化必然都会被证明是神秘的墨丘利。换言之，从那些骇人的动物形态中，逐渐涌现出一个“简单之物”（res simplex），其本质是同一的，但又具有二元性（歌德所说的“联合之二元本质”）。炼金术士试图用他的各种程序和配方避开这个悖论或矛盾，从“二”中得到“一”。[3]但正是他的象征和象征过程的多样性证明这种成功是值得怀疑的。我们很少能找到那个目标的象征，其双重本质不是直接明了的。他的“哲人之子”（filius philosophorum），他的“珍贵之石”（lapis），他的“双性人”（rebis），他的“霍蒙库鲁斯”（homunculus），都是雌雄同体的。他的黄金是“非凡”

---

1 *Hom. in Librum Regnorum*，127，1，4.

2 从一个洞房搜寻到另一个，参见《浮士德》，第一部分。

3 在个体精神中的同样过程，参见 *Psychology and Alchemy*，85，pars. 44ff。

（non vulgi），他的“珍贵之石”是精神和躯体，他的“酊剂”同样如此，那是一种“灵魂之血”（sanguis spiritualis）[1]。因此我们可以理解，为什么“皇家婚配”（nuptiae chymicae）在炼金术中作为一个至上和终极联合，占据如此重要的地位，因为它代表着类比魔法（magic-by-analogy），此魔法被假定可以带来炼金工作最终的圆满，并用爱结合起对立面，因为“爱比死更强大”。

9

399 炼金术所描述的，不仅是一般的概括，而且往往是最惊人的细节，是无意识分析过程中可观察到的同样的心理现象。在无意识的冲击下，个体那似是而非、强行说“我要、我想”的统一体破碎了。只要病人认为有某个他人（他父亲或母亲）可以为他的困难负责，他就可以保留这个统一体的某些表象（putatur unus esse![2]）。但是一旦他意识到他自己有阴影，认识到他的敌人在他自己心里，冲突就出现了，“一”变成了“二”。因为“他”最终会被证明是另一个二元体，一种对立的复合物，

1 Cf. Ruska, *Turba*, 150, Sermo XIX, p.129. 这个术语来自 al-Habib's book（ibid., p.43）。

2 此句字面意思是“能够假装自成一体”，即通过让他人为自己负责，保护了自身的统一性和整合性。——中译注

自我很快就会变成在大量念想间被抛来掷去的羽毛球，结果是“光明的模糊化”(obfuscation of the light)，即意识被去能化(depotentiated)，病人不知所措，不知道他的人格在何处开始或结束。这就像穿过阴暗的山谷，有时病人不得不紧紧抓住医生，把他当作现实的最后一块碎片。这种情况对双方来说都是非常困难和痛苦的，医生常常也处于和炼金术士同样的位置上，不知道自己是在坩埚中熔化的神秘混合物，抑或是那熊熊燃烧的火蜥蜴。心理的感应不可避免地使双方参与到第三者的转化中，并在此过程中自我转化，而医生的知识始终如一，就像闪烁的灯火，是黑夜里的一盏昏暗之灯。没有什么比把炼金术士的工作室划分为一个“实验室”和一个“祈祷室”更能说明他的心理状态的了，他在实验室中忙于摆弄坩埚、蒸馏器，在祈祷室中他祈祷上帝赐予急需的启迪——“清除我们心灵中可怕的黑暗”[1]，正如《曙光乍现》的作者所引用的。

400 “此艺惟全心可修”(“Ars requirit totum hominem”)，我们在一篇旧时专著中读到这样的句子。[2]这在心理治疗工作中再正确不过了。真诚地参与，超越职业性的例行公事，是绝对重要的，当然除非医生倾向于通过回避他自己的问题——这些问题会变得越来越顽固——从而损害了整个进程。医生必须走到

1 “伟大的灵魂，人类的觉悟者，清除我们心灵中可怕的黑暗。”参见Pentecostal hymn(124) by Notker Balbulus(d.912)。

2 Hoghelande, 5, i, p.139.

他主体可能性的极限，否则病人就不能够跟着照做。人为设定的限制是没有用的，只有真实的限制有用。它必须是一个真诚的净化过程，在此“所有多余之物在火中被烧毁”，而基本事实涌现出来。还有什么比意识到“这就是我本来所是”更根本的吗？它展示出一个统一体，然而也是——或曾是——多样体。自我不再是带着其伪装和人为修饰，而是另一个“客观的”自我，因此它最好被称为“自性”(self)。不再仅是一组称心如意的虚构故事，而是一系列严酷的事实，它们共同构成了我们所有人必须背负的十字架或命运。这些未来的人格综合的初步迹象，正如我在较早的出版作品中表明的，出现在梦中或者“积极想象”中，在那里它们采取了曼荼罗象征的形式，这在炼金术中也并不陌生。但是这种象征性的初步征兆，离统一性要达到的提示还很远。正如炼金术有很多非常不同的程序一样，从七重蒸馏到千重蒸馏，或者从“一日之功”(work of one day)到持续十数年“奥德赛(式长途漂泊)”不等，同样在对立面的心理配对之间的紧张也只能逐步地消除，而且，就像炼金的最后产物一样，结果总是显露出其基本的二元性，统一的人格也永远不会失去内在不和谐的痛苦感觉。从这个世界的苦难中得到完全救赎是一个幻觉，且必须保留为一个幻觉。基督的世间生命同样也结束了，不是在心满意足的福佑中结束的，而是在十字架上结束的。(值得注意的事实是，物质主义在其享乐目标方面，和某种“快乐的”基督教像兄弟一样携手。)这个目标仅仅作为理念存在是很重要的，更本质的事情是导致目标的“伟业”（opus），它才是一生的目标。在这一目标达成时，“左和右”被联合了[1]，而意识和无意识在和谐中工作。

10

401 在炼金术中，以日神和月神为伪装的“对立体化合”（coniunctio oppositorum）、皇家兄—妹或母—子配对占据了如此重要的位置，以致有时候整个过程采取的形式都是神圣婚姻及其神秘后果。对此最完整和最简单的说明，是1550年《哲学玫瑰园》中的系列图谱，我把这个系列图谱复制于后文中。其心理学重要性值得更详尽的研究。医生在分析病人无意识时发现和体验到的一些事物，都与这些图片里的内容极其一致。这不太可能只是偶然，因为古代的炼金术士通常也是医生，如果他们像帕拉赛尔苏斯一样，关注他们病人的心理健康或者探询他们的梦境（为了诊断、预后和治疗），他们就有足够的机会去拥有此类体验。通过这种方式他们不仅可以从他们的病人身上，而且可以从他们自己身上收集心理信息，如观察已经被诱发的自身无意识内容[2]。即便是今天无意

1 Acts of John，7：“……智慧的和谐，但是当存在智慧时，左和右和谐了：权力、原则、统治、恶魔、力量……”

2 Cardan（32）是一个极佳的某人检查他自己梦的例子。

识也经常以系列图画的形式表达自己，经常有病人自发地绘画。如我们在苏黎世中世纪炼金术文献（《曙光乍现》）[1]和其他专著中所看到的，那些早期的图画无疑也是以类似方式得以创作，它们作为工作中产生的印象被收集存储起来，然后以传统要素进行解释或修整。[2]在现代绘画中，同样地，我们也发现了传统主题的一些痕迹，和原始或神话理念的自发重复并存。鉴于图画和精神内容之间这种密切联系，我认为从现代发现的角度来审视中世纪的一系列图画，甚至把它们当作阿里阿德涅（Ariadne）的线索，都是恰当的。这些中世纪的奇珍异宝包含着许多种子，在许多世纪后才以更清晰的形式出现。

---

1 35，iii.

2 有关再解释的工作，参见*Bruder Klaus*，80；也参见Lavaud，105，Ch. III，*La Grande Vision*。

他……在旷野蒙恩……

——《耶利米书》 31：2

基于《哲学玫瑰园》图谱对移情现象的论述

（一）

墨丘利喷泉

我等乃金属之首要本质，唯一源泉／

艺术最高酊剂的酿造经由我等。

无泉无水能似我／

我制造贫穷和富贵，健全和病灾。

因我可为良药，可为鸩酒。

402 这幅图（见图1）直达炼金术象征的核心，因为它力图描绘“伟业”的神秘基础。这个基础是个二次项的四相性，其特征由四个角落的四颗星来代表。它们是四大元素。上方中央处有第五颗星，代表着第五大存在，源自四的“一”。在“第五元素”（quinta essentia）下方的水池，是“密义瓶”（vas hermeticum），转化在此发生。它包含着“我们的大海”（mare

ROSARIVM

Wyr sindt der metall anfang vnd erste natur/
Die kunst macht durch vns die höchste tinctur.
Keyn brunn noch wasser ist meyn gleych/
Ich mach gesund arm vnd reych.
Vnd bin doch jtzund gyftig vnd dötlich.

Succus

图1

nostrum)，“永恒之水”(aqua permanens)或者“圣水”。这是“黑色之海”(mare tenebrosum)，混沌。这个容器也被称为“子宫”[1]，在其中“雏形人”(foetus spagyricus)得以孕育。[2]这个水池——和周围的四方形相反——是圆形的，因为它是完美的母体，四方形作为一种不完美的形式，必须进入其中被改变。在四方形中，元素们仍然是分离的，彼此充满敌意，从而必须在圆形中得到联合。水池边缘的铭文证实了这一意图。它如是说(以缩略语的形式)：“无论是化身为矿物形式、动物形式或者植物形式，墨丘利在其灵性本质上总是同一。”(这里“植物形式”应该被翻译为“活着的”，而“动物形式”翻译为“有生命的”，甚至是“有灵魂的”。[3])在水池的外缘有六颗星星，它们和墨丘利一起代表着七大行星或七大金属。它们似乎都被包含在墨丘利[4]中，因为墨丘利是“众金之父”(pater metallorum)。当被人格化时，他是七大行星的联合体，一个身体就是世界的“原人”(Anthropos)，就像迦约马

1　在*Consilium coniugii*(1, ii, p.147)中说：“孕育之地，虽为人造，却仍模仿自然之所，因其凹陷，且为封闭。”及(p.204)：“‘母体’一词，其义为盘瓠之根。”

2　Cf. Ruska, *Turba*, 150, p.163.

3　Cf. Hortulanus(Ruska, *Tabula*, 149, p.186)：“故世界的部分是无限的，哲人将其分为三部分，也就是矿物的、植物的、动物的……而且他宣称拥有了整个世界的哲理的三部分，这三部分被包含在同一个石头里，这个石头也就是哲人的墨丘利。”13章：“而这个石头被称为完美的，因为在它之内具有矿物、植物和动物的本性。因为这石头是三位一体，具有四个本性。”

4　此处除了音译为“墨丘利”外，也可以根据道教炼金术意译为“汞”或“真汞”。——中译注

特[1]，七大金属从他的身体流入地球。由于他的女性本性，墨丘利也是“七”的母亲，而不仅仅是“六”的母亲，因为他是他自己的父亲和母亲。[2]

403 从“海”中升起了墨丘利喷泉，“三重之名”(triplex nomine)，据说和墨丘利的三重面向有关。[3]他以“处女之乳”(lac virginis)、“醋酸之泉”(acetum fantis)和“生命之水”(aqua vitae)的形式，从三个水管流淌出来，展示自己。这些是他不可胜数的同义名中的三个。之前提到过的墨丘利的统一性在这里通过一个三元体来代表。重复强调了墨丘利的三相性，是“三一”(triunus)或“三重的”(trinus)，地府，下界，或者甚至是天堂三位一体的地狱对应物，就像但丁的魔鬼是三头一样。[4]因为同样的原因，墨

1 琐罗亚斯德教关于世界起源的文学作品中的人类始祖。——中译注

2 Cf. *Psychology and Alchemy*, 85, pars. 430ff.

3 一处基于《哲学玫瑰园》的《玫瑰色》一章(*Rosarium*, 2, xiii, p.249)的引文如是说：“名为三重，存而为一。”见克劳斯修士在显圣中见到的上帝的三重喷泉。(Lavaud, 105, p.66)现存的《玫瑰色》一节(引自Rhazes)如是说(2, iv, p.300)：“我们的石头和世界的创造者、三位一体同名。”Senior(164, p.45)说：“我们的铜就像人一样，有灵、有魂、有身体。因此智者说：三三得一。他们还进一步说：一中有三。”也见Zosimos(Berthelot, 152, Ill, vi, 18)。墨丘利喷泉让人想起超越者之伟大喷泉(Hippolytus, 67, V, 12, 2)，它形成了三重世界的一个部分。三个部分对照着三神，三 λόγοι(古希腊语，意味着道、逻各斯、词)，三魂，三人。这个三元体和基督相反，基督是本自具足了三元体的所有性质，而他自己本性也是三元的，来自上方，来自 ἀγεννησία(“非被创造性”之意)，在(天地)分离之前。[这里我更喜欢Bernays的作品 πρὸ τῆς(cf. 67, p.105)，因为它更合乎情理。]

4 参见Holmyard, 69, p.422。

丘利也经常以三头蛇怪的样子展现。在三根水管之上，我们看到了太阳和月亮，它们是必不可少的随从以及神秘转化的父母，而更高一些的地方，是第五元素之星，四大敌对元素的统一的象征。在图片的顶部是“分叉的（或双头的）蛇怪”（serpens bifidus）[1]，致命的“二元体”（binarius）被多恩（Dorn）[2]定义为魔鬼。这个蛇怪是“墨丘利之蛇”（serpens mercurialis）[3]，代表着墨丘利的“双重本质”（duplex natura）。蛇的双头吐放着火焰，从其中科普特圣母玛利亚或犹太女先知玛利亚获得了她的“两缕烟雾”（duo fumi）[4]。这两缕烟雾便是（图中的）那两道蒸汽，它们的凝缩[5]启始了一个过程，导致了多重的升华或蒸馏，目的是为了纯化“魔鬼之味”（mali odores）、“坟墓恶臭”（foetor sepulcrorum）[6]，以及开始时附着的黑暗。

404 这一结构揭示了转化过程的“四重特性”（tetrameria），希腊人对此早已知悉。转化过程以四种独立的元素开始，然后

1 蛇怪也是三重之名的，如铭文所言是“动物的”“植物的”“矿物的”。

2 比利时炼金术士，哲学家、物理学家，整理并宣传了帕拉赛尔苏斯的著作，是荣格频繁引用的炼金术士之一。——中译注

3 Jung, *Psychology and Alchemy*, 85.

4 2, v, p.321：“它们是包裹着两盏灯的两道蒸汽。”

5 在*Le Songe de Poliphile*（37）的扉画中，我们会发现同样的主题：当叶子从植根于火中的树上落下时。参见*Psychology and Alchemy*, 85, fig.4。

6 Cf. *Aurora consurgens*, I, 12 Ch. IV：“感染实验员心灵的魔鬼之味和雾。”也参见 Morienus（2, xii, p.34）：“因为这种气味类似于坟墓的恶臭……”

逐级上升到墨丘利在无机界、有机界和灵性界中的三个面向。接着，在获得了日神和月神的形式后（即珍贵的金属金和银，同时也是可以用爱克服元素间不和之神的光芒），它在阿尼玛（anima）、第五元素、永恒之水、酊剂或者哲人石的同一和不可分（不朽、缥缈、永恒）本质中达到顶峰。这个从数字4到3到2到1的进程，就是“玛利亚法则”（axiom of Maria）。这个法则以各种形式贯彻在整个炼金术中，就像一个中心思想一样。如果把无数的“化学”解释搁到一边，我们就得到了如下的象征性步骤：完整的起始状态，是以四种交互拮抗的倾向为特征的——要自然地、可见地定位一个圆形，4是对圆最自然的界定。这个数字的减少，目标在于最终的统一性。在此进程中首先出现的是数字3，一个阳性的数字，从3中出现了阴性数字2[1]，阳性和阴性聚在一起，不可避免地以性的联合这种方式制造出1的理念，这个1一直被称为“国王之子”（filius regius）或者“哲人之子”。

405 四元体是流传最广泛的原型之一，也是最有用的呈现功能配置的图式，通过这些功能配置，意识自我辨明自我的方位。[2]这就像我们理解的望远镜中的十字交叉线一样。由四元体的顶点构成的十字架其普遍性也不相上下，而且对西

1 把奇数看作雄性，偶数看作雌性，这在炼金术中很常见，起源于远古时代。

2 Cf. Jacobi, 75, Diagrams IV—VII.

方人来说可能有最高的道德及宗教意义。同样地，圆形作为完整和圆满存在的象征，是广泛存在的对天空、太阳和上帝的表达，它也用来表达人和灵魂的原初意象。[1]“四”作为秩序可被创建的最小数目，代表着没有达成内在统一性之人的多元状态，也就是束缚和非统一状态，非整合状态，在不同方向上被撕裂的状态——一种使人苦恼的、不得救赎的状态，它渴望统一、调和、救赎、疗愈和完整。

406 三元体表现为“阳性”(masculine)，即作为积极化解者或“有为者”(agens)显现，其炼金术对应物是上升流(upwelling)，与之相关的二元体是“阴性”的、接受性的、吸收性承受者(absorbent patiens)，或者是仍“有待形成、有待孕育”(informatio, impraegnatio)之物的材料。三元体的心理对等物是愿望、欲望、本能、攻击和决断，而二元体对应着精神系统作为整体对意识心灵之冲动或决定的反应。后者本身是完全无能为力的，除非它能成功地克服纯粹自然人的惰性，并且在他的懒惰和持续阻抗的条件下实现其目标。但是借助冲动或说服，意识心灵能够完成它的目标，而仅仅是在有结果的“行为”中，人才是一个活生生的整体和统一体。(正如浮士德所言：“太初有所为”。)[2]

---

1 灵魂作为四方形、圆形或球形，参见*Psychology and Alchemy*, 85, pars. 109, 439, n. 44。

2 上述论点应该被理解为心理意义而非道德意义上的。此种“所为”不是精神生命过程本质，而仅仅是其一部分，虽然是非常重要的一部分。

407 然而说到底，我们的象征图画是炼金术之哲学和方法的说明图谱。我们不能保证这些内容符合古代大师们所知的物质本质，它们只能衍生自无意识精神。在炼金术士中，无疑有一定程度的意识审查，但是这丝毫不能阻碍无意识投射任何东西，因为无论研究者心灵如何偏离眼前观察的事物，愈行愈远，自行其是，无意识的灵性主宰（spiritus rector）都会接替过来，并引导心灵回到不变的、潜在的原型上，这些原型由于这种退行而被迫进入投射中。这里我们来到了熟悉的土地上。在最后一部也是最伟大的炼金术著作——歌德的《浮士德》中，这些东西都被描绘成最壮观的画面。歌德实际上是在描述炼金术士的体验，炼金术士发现他投射进入曲颈甑里的是他自身的黑暗，他那未被救赎的状态，他的激情，他为达到目标而进行的斗争，这个目标就是——成为真正的他，实现母亲生育他的目标，在充满困惑和错误的漫长人生旅程之后，成为“国王之子”，成为至上母亲之子。或者我们可以追溯到《浮士德》的重要前身——克里斯蒂安·罗森克鲁茨的《化学婚礼》，据称歌德知道此书。[1]基本上它是同样的主题，同样的“玛利亚法则”，说的是罗森克鲁茨如何从他以前的蒙昧状态中转变，逐

1 145.恰好，约翰·凡纳庭·安德里亚（Johann Valentin Andreae），《化学婚礼》的真正作者，也用拉丁文写过一个浮士德的戏剧，名为“*Turbo, sive Moleste et frustra per cuncta divagans ingenium*”（1616），一个知晓一切却最终失望的人的故事，但是他在基督冥思（contemplatio Christi）中获得救赎。这位作者也是符腾堡的一位神学家，生于1586年，并于1654年过世。

渐意识到他和“王权”有关系。但是为了和作品的时代保持一致(17世纪初期),整个过程有更多的投射,而对英雄(意象)投射的撤出——在浮士德身上,这让他成了超人[1]——只是浮光掠影地带过。而这两者心理过程本质上是相同的:逐步觉知炼金术(士)在物质秘密中感受到的那些强有力的内容。

408 在这幅《墨丘利喷泉》之后的文字主要是关注此技艺中的“水”,也就是汞。为了避免重复,我推荐读者参考我的演讲《精灵墨丘利》(*The Spirit Mercurius*, 89)。这里我只提出,这种液态物质,连同它所有的矛盾性质,真正地表征着被投射进入它的无意识。“海”是它的静止状态,“喷泉”是它的激活状态,而“过程”是它的转化。用来表达无意识内容整合的理念是“金丹”(elixir)、“万灵药或万能药”、“可饮之金”(aurum potabile)、“永恒食物”(cibus sempiternus)、哲学之树的“赐予健康之果”、“燃烧之酒”(vinum ardens),以及所有其他不胜枚举的同义词。有一些名称显然是不吉利的,但是其独特性却丝毫不减,例如“月树之汁”(succus lunariae or lunatica)[2]、“萨图恩之水”(aqua Saturni)、毒药、蝎子、龙、火之子、男孩的尿或狗的尿、硫黄、魔鬼,等等。

1 我在 *Two Essays*(88, pars. 224f., 380f.)中对此心理过程有详尽讨论。

2 意指疯狂。“灵魂之痛”(afflictio animae)在 Olympiodorus(Berthelot, 29, II, iv, 43), Morienus(2, xii, p.18), Maier(*Symbola.*, 114, p.568),以及中国的炼金术(Wei Po-yang, 162, pp.241—245)中均有提到。

409 虽然在文中没有明确陈述，但是墨丘利喷泉在水池中的喷涌和回流形成了一个圆圈，这是墨丘利的本质特征，因为他也是那使自己受精，杀死和吞食自己，并使自己重生的蛇怪。关于这一点我们可提出的是，循环之海并无出口，它通过其中心涌出的泉水永恒地自我补给，这在库萨的尼古拉斯[1]那里被看作是上帝的象征。[2]

1 德国著名科学家、哲学家，也是中世纪最伟大的神秘主义思想家。——中译注

2 上帝是源泉、河流和大海，它们都含有同样的水。三位一体是"通过自身的方式，从自身进展到自身"的生命。（Vansteensberghe，158，pp.296f.）

（二）

国王与王后

410 作为相互敌对的对立面的至高统一的“密法”（arcanum artis）或“日月化合”（coniunctio Solis et Lunae），在我们的第一张图画中还没有得到展示，但是由于其重要性，在后续图片中将被相当详尽地描绘。国王和王后，新郎和新娘，为了订婚或结婚而靠近彼此。乱伦元素出现在阿波罗和黛安娜的兄妹关系中。他们分别站在相应的太阳和月亮上面，这提示着他们的日、月本性和占星术设定是一致的——太阳的位置代表着男性的重要性，月亮代表女性的重要性。这种相会一开始是有点距离的，正如法袍所提示的。两个人互相伸出左手，这不太可能是非刻意安排的，因为刚好和习俗相反。这个手势指向一个被严密守护的秘密——“左手之道”，正如印度密宗行者如是称呼他们的湿婆与沙克蒂崇拜一样。左手（阴险）面是黑暗的无

Nota bene: In arte noſtri magiſterij nihil eſt celatū à Philoſophis excepto ſecreto artis, quod non licet cuiquam reuelare, quod ſi fieret ille maledicceretur, & indignationem domini incurreret, & apoplexia moreretur. # Quare omnis error in arte exiſtit, ex eo, quod debitam *Secretum artis*

图2

意识面。“左”是不祥的、棘手的，因为它是心灵的一面，从这里出来的不仅仅是爱，而且也有和爱相关的所有邪恶念头，以及在我们情感生活中被最充分表达的人类本性中的道德矛盾。左手的联系于是可以被看作提示着关系的情感本性，提示着关系的暧昧特性，这是一种“天上—地下”爱的混合，且因其关于乱伦的暗示而更加复杂。右手的手势给我们一种补偿的感觉。他们右手都拿着一个装置，由五（4+1）朵花组成。手中的每根枝条各有两朵花：这四朵花指向四大元素，两个（火和气）是主动的，两个（水和地）是被动的，前两个归于男人，后两个归于女人。第五朵花来自上方，应该是代表着第五元素，由圣灵的鸽子带来，就像诺亚的鸽子衔着和平橄榄枝一样。这只鸟从第五元素之星降落。（见图1）

411 但真正的秘密藏在右手的相交，正如图2所示，它是通过“圣灵之礼物”这一皇室艺术来做媒介的。这里“阴险”的左手联系和两个四元体（四大元素的阳性和阴性表现）的统一相连，这种统一效应来自上方，表现为由五朵花和三个枝条形成的八元体。这些阳性数字指向行动、决定、目标和运动。第五朵花和第四朵相比优势就在于它是鸽子带来的。三根枝条和“墨丘利三重之名”（Mercurius triplex nomine）的上升流或喷泉的三个管道相应。所以我们再次有了一幅缩略再现的“伟业”，也就是第一幅图所示的深刻意义。图2的注释文字以如下富有意义的句子开始：“好好记住，在我们的技艺中，哲学大师们不会隐藏任何东西，除了那些不能对各色人等揭露的炼金秘密外。因为要是发生泄密的话，泄密者会被诅咒。他将招致上帝的盛怒，并中风而亡。为此在炼金艺术中出现的所有错误，都是因为人没有以正确的物质[1]开始。因此你应该利用尊贵的大自然，我们的技艺只能从她那里，通过她，在她里面诞生出来，而非别处。故而我们传承的是大自然之工作，而非工作者之工作。”[2]

412 如果我们从表面上看，对背叛会遭神圣惩罚的恐惧，其原因必在于某些被认为会危及灵魂救赎的东西，也就是典型的“灵魂的险境”。结果便是以“为此……”开始那一句，只能指向那个不能被揭示的秘密；但是因为原初物质仍然是未知的，所有那些不知道秘密的人都会犯错，这是因为，据说，他们选择了某些武断和人为的东西，而不是纯粹的自然。对“尊贵自然”（venerabilis natura）[3]的强调，让我们对研究的热情有了一些了解，这种热情最终导致了自然科学的诞生，而自然科学经常被证实是对信仰有害的。对自然的崇拜来自过去的遗产，它站在了一个或多或少异端的位置上，与教会观点相悖，并把思想和心灵引向“左手之道”的方向。彼特拉克攀登冯度山[4]造成

1 “Debita materia”，意指过程中的原初物质。

2 *Rosarium*，2，xiii，p.219.

3 Cf. Ruska, *Turba*，150，Sermo XXIX，p.137.

4 彼特拉克是14世纪的意大利诗人，据称他是第一个登上法国冯度山的登顶者。在山顶的时候，他突然想到，人们对自然美景感兴趣而激动，对自己却不感兴趣。下山后就此写信，这封信被广为流传，对文艺复兴颇有影响。——中译注

了什么样的感觉啊。圣奥古斯丁在其《忏悔录》(16, X, viii)中警告:“人们前去欣赏崇山峻岭、汹涌波涛、不息湍流、无边大洋和璀璨星空,却远离他们自己……”

413 炼金术士们把“自然”当作炼金术独一无二的基础,并排他性地强调这一点。与不断出现的声明形成鲜明对比的是,他们认为炼金术是“圣灵之礼物”、“天主智慧的秘密”等。就这一点我们不得不说,炼金术士在正统信仰方面是无可动摇的。我认为是不容置疑的。相反,鉴于自然秘密那不祥的黑暗,他们对圣灵启示的信仰看来是一种心理上的需要。

414 如果一篇强调纯粹自然的文章用图2那样的图画来解释和说明,那么我们必须假设,国王和王后之间的关系被看作某种完全自然的关系。对化合的秘密进行冥想和反思是不可避免的,而这当然不会不触及性幻想,(只要)因为这些象征性图画源自相应的无意识内容(一半是灵性的,一半是性欲的),而且也是试图提醒我们那个明暗相间的地带,因为仅从不可分辨的黑夜中,光明才能诞生。这是自然和自然体验所教,而灵魂相信的是“光生于光”(lumen de lumine),[1]“术者”(Artifex)不知何故陷入了这个无意识投射的游戏中,必定体验到恐惧战栗的神秘事件,就像一次“惊溃”(tremendum)一

1 Cf. *Aurora consurgens*,其中传道寓言“黑色地球”、“洪水和死亡”、“巴比伦人的囚禁”都在寓言“哲学信仰”之后,而后者坦承“光生于光”,也见 Avicenna, 5, xii, p.990。

般。即使是那个嘲笑者和亵渎者阿格里帕·冯·内特斯海姆(Agrippa von Nettesheim)[1],在他对《炼金》(*Alkumistica*)[2]的批评中也表现出明显的节制。在对这种可疑之艺术说了很多之后,他加了一句[3]:"对于这门艺术我本可以多说一些——对此艺术我没有太多不同意见——要不是入此密门之初有沉默誓言的话。"[4]阿格里帕的批评如此缓和,实在太过出人意料,会让人以为他是在辩护:不知怎的他对此庄严艺术印象深刻。

415 没有必要把这种技艺的秘密想成是非常可怕之事。大自然对道德龌龊一无所知,实际真相已经够使人警醒的了。我们只需记住一个事实:想要得到的"化合"不是一种合法的联合,而总是(几乎可以说,在原则上是)具有乱伦性质的。围绕这种情结的恐惧("乱伦恐惧")非常典型,而且弗洛伊德已经

1 德国16世纪的一个巫师。——中译注

2 这是*Alchymia*的讹误。

3 *De incertitudine et vanitate omnium scientiarum*, 10, Ch. XC.

4 后来,阿格里帕关于石头说了一点其他的东西:"至于那种独特和神圣的物质,除了它随处可见却无与伦比外,至于最神圣的哲人石——我几乎背弃了我的誓言,因为玷污了它的名字,让自己成了庙宇的亵渎者——尽管如此我还是应该用迂回和晦涩暗示来说话,从而让除了艺术之子和此密门授受者外,无人可以理解。这个东西是一种既没有太多火素又没有太多土素的物质……而且我不被允许说的是,仍然还有比此更伟大之物。然而,我认为这种技艺——对此我有一定的熟悉度——是完全配得上修昔底德给予正直女人的那种荣誉的,他说这种女人的最佳之处就在于无论毁誉皆无可置词。"关于保密的盟誓,也见Senior, 164, p.92:"这是他们发誓守护的秘密,不在任何书中泄露。"

强调过了。乱伦恐惧之外尚有另一层恐惧，那就是害怕更多的无意识内容，其强迫性力量会释放出来。

416 左手和右手的接触交握（通过花朵）——严守秘密的神秘技艺——描绘得直观生动，同时也微妙地暗指炼金术的精深状态，“尊贵的自然”把炼金术士放置于此情境中。虽然玫瑰十字会运动不能被追溯到17世纪安德里亚的《兄弟会传说》和《兄弟会自白》[1]之前，但是我们却在这个有三条花枝的花束上看到了“玫瑰十字架”，而这张图显然创始于1550年前某个时间，但是同样明显的是，它并未宣称自己是真正的“玫瑰十字架”[2]。正如我们所言，它的三重结构让人想起墨丘利喷泉，与此同时指向一个重要事实：“玫瑰”是三种生动事物（国王、王后和介于两者之间的圣鸽）的产物。“墨丘利三重之名”就这样被转化为三个形象，他不再被认为是一种金属或矿物，而仅仅被视为“灵魂”。在这种形式下，他同时具有三元本性——男性、女性和圣性。他和作为三位一体的第三者的圣灵结合，虽然并无教义上的根据，但“尊贵的自然”明显是要让炼金术士为圣灵提供一位最不正统的且和大地紧紧相连的伴侣，或者还不如说要用自从创世之日起就囚禁于所有生物之中的圣魂来补充圣灵。这个“低等”的灵魂是“原初人”，本性是双

1 据F. Maack（Rosencreutz, 145, pp.xxxviif.）说，这两篇文章的手稿本应于1610年左右开始流通。［见145, pp.47—84。——英编注］

2 这样的“玫瑰十字架”也可以在路德的纹章上看到。

性同体的，源自伊朗，被囚禁在“自然”（Physis）中。[1]他是球形的，即完美的人，出现在时间的起点和终点，也是人类自身的起点和终点。他是人的整体，超越了性别的划分，只能在男性和女性合而为一的时候达到（完整无别）。这个较高意义的揭示，解决了“不祥”的接触所产生的问题，并且从混沌的黑暗中创造出了“升起于所有光之上的光”（lumen quod superat omnia lumina）。

417 如果不是因为充足的临床经验，我几乎不敢相信，这样的发展也发生在现代人身上，而现代人几乎不可能对人类的诺斯替教义有任何了解。我曾经倾向于认为，炼金术士们是在保持一种神秘传统，虽然支持这一怀疑的证据——隐含在佐西莫斯（Zosimos of Panopolis）的著作中——是如此缺乏，乃至对中世纪炼金术相当了解的威特（Waite）怀疑这样的神秘传统究竟是否存在。[2]因此，根据我的专业工作，我的看法是：中世纪炼金术的“原人”概念，很大程度上是“原地生成的”（autochthonous），也就是主观体验的结果。它是一个“永恒”的力量，一个能够在任何时间、任何空间自发出现的原型。我们甚至在古代中国的炼金术中也见过“原人”这个概念，其在魏伯阳（约公元142年）的著作中被称为

1 Cf. *Psychology and Alchemy*, 85, par. 436; Reitzenstein and Schaeder, 142.

2 Waite, *The Secret Tradition*, 161.

"真人"。[1]

418 "原人"的启示，是和非同寻常的宗教情绪相联系的，它和虔心的基督徒看到基督之幻像意义一样。而且它不是"由神的工作"（ex opere divino）而是"由自然的工作"（ex opere naturae）而显现的，不是来自上天，而是来自冥府之阴影的转化。它自己类似于魔鬼，具有异教启示之神的名字。这个困境让我们对这门艺术的秘密有了新的认识：异端信仰的危险性非同小可。结果，炼金术士们发现自己进退维谷：一方面他们要冒被误解和怀疑伪造黄金的危险，另一方面有被当作异端烧死的风险。至于黄金，《哲学玫瑰园》在图2之后就引用了长老的话："我们的黄金不是普通的黄金"（"Aurum nostrum non est aurum vulgi"）。但是，正如历史表明的那样，炼金术士宁愿被怀疑是在制造黄金，也不愿被当作异端。炼金术士究竟对其技艺的本质有多少意识，这仍然是悬而未决的问题，也许永远没有答案。甚至像《哲学玫瑰园》和《曙光乍现》[2]这样的揭示性文本，在这方面对我们也无所助益。

419 关于这幅图的心理学，我们必须着重强调，它描述的是一

1 Wei Po-yang, 162, p.241.［此处不知道具体是指魏伯阳的哪句话，推测应该来自《周易参同契》，其中共有4处提到"真人"，分别是：1. 真人至妙，若有若无（明两知窍章第七）；2. 改形免世厄，号之曰真人（二土全功章第十一）；3. 真人潜深渊，浮游守规中（关键三宝章第二十二）；4. 御白鹤，驾龙鳞，游太虚，谒仙君，录天图，号真人（鼎器妙用章第三十三）。——中译注］

2 15世纪的炼金术著作，托名阿奎那所写。——中译注

种人类相遇关系，在这种关系中“爱”起到了决定性作用。两人的传统服装暗示着他们双方对等的传统态度。传统仍然将他们分开，并隐藏起他们的自然现实，但是左手的关键接触指向某些“阴险”、非法、贵贱通婚的、情感的、本能的东西，即乱伦的致命接触和其“变态”的蛊惑性。与此同时，圣灵的介入揭示了隐藏的乱伦意义：要么是兄妹乱伦，要么是母子乱伦，作为“神秘联合”的令人厌恶的象征。虽然近亲联姻是无处不在的禁忌，但它仍然是国王的特权（以法老等的乱伦婚姻为证）。乱伦象征着一个人和自己的存在联合，它意味着自性化或者成为自我，而且，因为这是如此的重要，它发挥出一种邪恶的魅力——也许，它不是作为纯粹的现实出现，但肯定是被无意识控制的精神过程，一个对任何熟悉心理病理学的人来说非常熟悉的事实。正是因为这个原因，而不是因为偶发的乱伦，人们相信初神们是通过乱伦繁殖种族的。乱伦只是把“相似与相似”进行联合，这是“自身繁殖”这一原始理念发展的进阶阶段。[1]

420 这个心理性情境总结了分析移情时我们所能看到的自身所有东西。在传统的相遇之后，人们对同伴无意识的“熟悉化”（familiarization），由原始的、婴儿样幻想的投射而产生。

1　在 *Visio Arislei* 中，可见以同性恋关系出现的“相似与相似”的联合，这个阶段被标示为在兄妹乱伦阶段之前。

这些幻想本来归属于病人自己的家庭成员，因其正性或负性的吸引力，它们让病人依附于父母和兄弟姐妹。[1]这些幻想转移到医生身上，把他拉入一种家庭亲密的氛围中，虽然这是他最不想要的东西，但是却提供一种可工作的“原质”，一旦移情出现，医生就必须接受它，把它当作治疗的一部分，并且试着去理解它，否则它将只是另一种神经症性蠢行。移情本身是一种完全自然的现象，绝不仅仅发生在咨询室里——任何地方都可以看到移情，移情可导致各种蠢行，就像所有未被识别的投射一样。对移情的医学治疗给了病人一个无价的机会来撤回其投射，弥补他的丧失，整合他的人格。因为此工作的一部分就是整合炼金术士的“太阳阴影”（umbra solis）或“太阳之黑”（sol niger），即每个人随身携带的阴影，人格中因卑下须隐藏的部分，和强大力量同行的脆弱，每日白天之后的黑夜，善良之中的邪恶。[2]对这一事实的认识，当然会伴随着沦为阴影受害者的危险，但是危险也随之带来了有意识地决定不要成为其受害者之可能性。看得见的敌人总要好过看不见的敌人。在这种情况下，我看不出“鸵鸟政策”有甚好处。人们想要保持童真，永远生活在对自己的幻想中，把他们不喜欢的一切强加

---

1 根据弗洛伊德，这些投射是婴儿样的愿望（满足）幻想。但是对童年神经症的更彻底的探查表明，此类幻想很大程度上有赖于父母的心理，也就是说，因父母对儿童的错误态度造成。参见*Analytical Psychology and Education*，79，pars. 216f。

2 参见*Aurora consurgens*，I，Ch. VI：“……面对我的邪恶时，我浑身痛彻骨髓。”参见Psalm 37：4（D.V.）：“……我的骨头永无宁日，因为我的原罪。”

给邻居，用偏见和投射来折磨他们，这当然并非理想之事。多少婚姻已经破碎，有些已永久破碎，因为丈夫在他妻子身上看到了他母亲，而妻子在丈夫身上看到了她父亲，却从来没有认识到对方的真实情况。即便没有这些投射，生活也有够多麻烦的了，我们至少要让自己能够从那些最愚蠢的投射中抽身而出。但是，要是没有对情境的最基本讨论，要打破这些婴儿样的投射，往往是不可能的。因为这就是移情的合情合理的、有意义的目标，无论采用何等和缓的方式，它不可避免地导致讨论和争执，从而也导致了意识的增强，这是人格整合的指标之一。在这种讨论中，传统的伪装被丢弃，而真正的人出现了。他从这种心理关系中获得真正的重生，而其意识领域形成一个圆形。

421 假定国王和王后代表着一种移情关系，在其中国王代表着男性一方，王后代表着女性一方，这是很自然的，但这绝非事实，因为这些人物代表着术士和其“神秘姐妹”（soror mystica）的无意识所投射出来的内容。现在术士意识到自己是个男人，因此他的男性气质就不能被投射，因为投射仅仅发生于无意识内容。由于这里主要是男人和女人的问题，投射出来的人格碎片只能是男人的女性成分，也就是他的阿尼玛。[1]同样，在女性的情况下，只有男性成分会被投射。于是

1 *Two Essays*, 88, pars. 296ff. 该书也给出了其他相关文献。

就有了一个奇妙的两性的反十字：男人（在这里是术者）由王后代表，而女人（神秘姐妹）由国王代表。对我来说，构成"符号"的那些花朵暗示着这个反十字。因此读者应该铭记于心的是，这张图显示了两个原型人物的相遇，其中月神秘密和术者结盟，日神则和他的女性帮助者结盟。这两个人物形象是皇族的事实，代表他们的原型性格就像真正的皇族一样。他们是集体性形象，是大多数人共有的。如果这个密图的主要成分是国王的登基典礼或者对凡人的神化，那么国王这个形象可能是一种投射，在那种情况下他就对应着术者本人。但是图本随后的发展显然是另外的意义，所以我们对这种可能性不予考虑。[1]

422 事实上，因为一些无法被经验证明的原因，国王和王后的角色交错了，这代表着术者和他的"姐妹"（soror）反性的无意

---

1 这里提醒读者，在莱特·哈葛德（Rider Haggard）的《她》中，有对这种"皇室"人物的描述，也许是有益的。里奥·芬奇（Leo Vincey），英雄，年轻英俊，完美之至，名副其实的阿波罗。在他旁边站着父亲般的卫士，霍里（Holly），他很像狒狒这一点得到了详尽描述。但是霍里的内心充满智慧和正大光明的道德——甚至他的名字也暗示着"神圣"（holy）。虽然他们都属凡俗，但都有超人的质量，无论里奥还是真诚的"狒狒"，他们一起对应着"sol et umbra eius"（太阳和他的阴影）。第三个人物是一个忠诚的奴仆，他有着"乔布"这个有意义的名字。他代表着漫长的受苦，忠诚的伴随，必须承受超人的完美和亚人类的狒狒性。里奥可以被看作是日神。他出走去寻找"她"。她居住在一堆墓穴之中，以逐个杀死她的爱人而闻名——这种个性也在博努瓦的《大西岛》（*Atlantide*）中有过描述。为了让自己变得年轻，她定期沐浴于火柱之中。"她"代表着月神，尤其是危险的新月（在新月时太阳和月亮会合，新娘会杀死她的爱人）。这个故事最终导致了《阿霞》（*Ayesha*），哈葛德的另一部小说，其中出现了神秘的圣婚。

识面向导致了痛苦的问题，并不能让移情问题简化。然而，科学道德禁止把非简单的情境进行任何简化，正如此处情况。关系的模式是够简单的，但是，当涉及特定案例的细节描述时，很难弄清楚是关系的哪一个角度得到了描述，以及我们正在描述什么部分。关系模式见下：

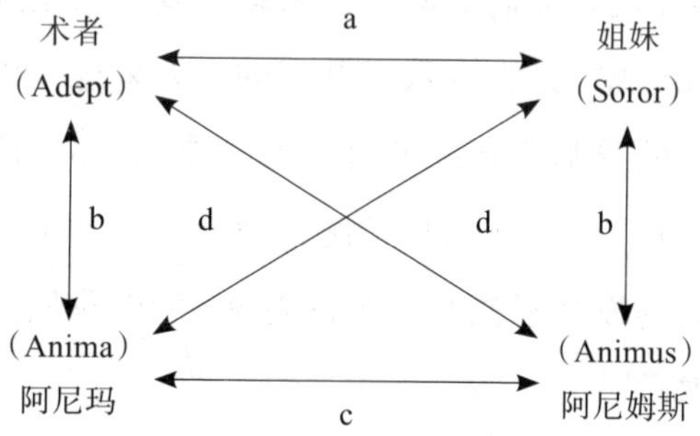

423　箭头的方向表示从男性到女性的牵引，反之亦然，从一个人的无意识到另一个人的意识，这样就标示出一种正性移情关系。因此下述的关系必须被区分清楚，虽然在某些情况下它们可以彼此影响渗透，但这自然会导致最大可能的混乱：

(a)一种不复杂的个人关系；

(b)男性和他的阿尼玛、女性和她的阿尼姆斯的关系；

(c)阿尼玛与阿尼姆斯以及阿尼姆斯与阿尼玛的关系；

(d)女性的阿尼姆斯和男性的关系(女性认同其阿尼姆斯时)，以及男性的阿尼玛和女性的关系(男性认同其阿尼玛时)。

424　在以这套图谱描述移情问题时，我并不总是把这些不同的可能性分开。因为在真实的生活中，它们总是混杂在一起，如果我试图用一个僵化的图式来说明的话，就会造成难以忍受的压力。因此，国王和王后都展现了从超人到亚人类之意义的每个可想象侧面，有时表现为超然的形象，有时隐藏在术者这个形象中。如果读者在下述评论中发现任何真实的或假设的矛盾，应牢记这一点。

425 这些交叉移情关系在民间故事中已经有其前奏：十字婚配的原型，我称之为“四相婚配”（marriage quaternio）[1]，也可以在以下这个冰岛童话中找到。[2]

426 芬娜（Finna）是一个有神秘力量的女孩。一天，当她父亲准备出发去阿尔廷（Althing）时，她请求父亲拒绝任何求婚者。确实出现了很多求婚者，但是父亲都拒绝了他们。在回家的路上，他遇到了一个陌生男子盖尔（Geir），他用剑指着父亲，强迫他承诺把女儿嫁给他。于是他们结婚了，芬娜带着她的弟弟西格德（Sigurd）一起到了新家。快到圣诞节时，芬娜忙着准备过节，盖尔失踪了。芬娜和弟弟出去找他，发现他和一个美丽的女人在一个岛上。圣诞节后，盖尔突然出现在芬娜的卧室，而床上躺着一个孩子。盖尔问这是谁的孩子，芬娜回答说是她的孩子。接连三年都发生了同样的事。每次芬娜都接受了孩子。

1 对立面的原型配对经常以这种四相性来安排。Cf. *Symbols of Transformation*，91.

2 44，i, No.8, pp.47ff.

于是到第三次的时候，盖尔已经从魔咒中解脱出来。岛上的那个美丽女人是英格博格（Ingeborg），他的妹妹。（原来）盖尔不听巫婆继母的话，被下了诅咒：他将会和妹妹有三个孩子，除非他找到一个知道一切并保持平和的妻子，否则他会变成一条蛇，他妹妹会变成一匹小母马。盖尔因妻子的品行而得救，于是把妹妹英格博格嫁给了西格德。

427 另外一个例子来自俄罗斯神话《丹尼拉·格沃里拉王子》（*Prince Danila Govorila*）[1]。巫婆给了年轻王子一枚幸运戒指，但是戒指的魔力只会在一种条件下起作用：他只能娶一个可以戴上这枚戒指的姑娘。当王子长大后便去寻找新娘，但是皆为徒劳，因为戒指无人可戴上。他对妹妹抱怨自己的命运，妹妹要求试试戒指。结果戒指非常适合她。于是哥哥想要娶妹妹，但是妹妹认为这是罪恶的，坐在门口哭泣。有几个老乞丐路过并安慰她，给了如下建议："做四个玩偶娃娃放在房间的四个角落。如果你哥哥叫你去参加婚礼，你就去吧；但是如果他叫你去卧室，你就别急！相信上帝，听从我们的建议。"

428 婚礼后，她哥哥叫她上床。这时那四个娃娃开始唱歌：

布谷，王子丹尼拉

1 44, iii, pp.351ff.

布谷，格沃里拉
布谷，他要妹妹
布谷，做他娘子
布谷，大地张开
布谷，妹妹落入

429 大地张开，将她吞没。她哥哥呼唤她三次，但是到第三次的时候她已经消失了。她在地下往前走，一直走到了芭芭·雅嘎（Baba Yaga）[1]的小屋，雅嘎的女儿好心地安慰她，并把她藏起来不让女巫发现。但不久女巫就发现了她，并加热烤箱要烤她。两个女孩抓住了这个老女人，把她放进了烤箱，从而逃脱了女巫的迫害。她们到达王子的城堡，妹妹被哥哥的仆人认了出来。但是哥哥却分不清两个姑娘，她们太相像了。于是仆人建议他做一个测试：让王子把一个皮囊装满血放在腋下，仆人用刀刺他，然后王子倒下装死。妹妹那时一定会掩饰不了自己。接下来发生的是：妹妹扑到哥哥身上大哭失声，于是王子跳起来抱住了她。但是魔戒也适合女巫女儿的手指，所以王子娶了她，并给妹妹找了一个适合的丈夫。

430 在这个传说中，眼看就要发生乱伦，但是被四个娃娃的特殊仪式阻止了。房间四角的四个娃娃，通过把“四”放在

1 俄罗斯古代传说中的著名女巫。

“二”的位置上，形成了“婚姻四相性”，其目的是防止乱伦。四个娃娃形成了神奇的拟像，通过把妹妹转移到地下世界而阻止了乱伦。在那里她发现了她的另一个自我。因此我们可以说，给年轻王子致命戒指的女巫就是他未来的岳母。她必然知道，这个戒指不仅适合他妹妹，也适合她自己的女儿。

431 在两个故事中，乱伦都是一种难以避免的不幸命运。乱伦，作为一种同系交配的关系，是力比多的一种表达，有助于维系家庭。因此我们可以把它定义为“血亲力比多”(kinship libido)，一种本能，它就像牧羊犬，保持着家庭团体的完整。这种形式的力比多与异系交配力比多完全相反。这两种形式相互制约：同系交配式力比多指向姐妹，异系交配式力比多则指向陌生人。因此最好的折中方法就是同辈的表亲。在我们的神话故事中没有这方面的线索，但是婚姻四相性是足够清楚的，在冰岛的故事中，我们得到如下图式：

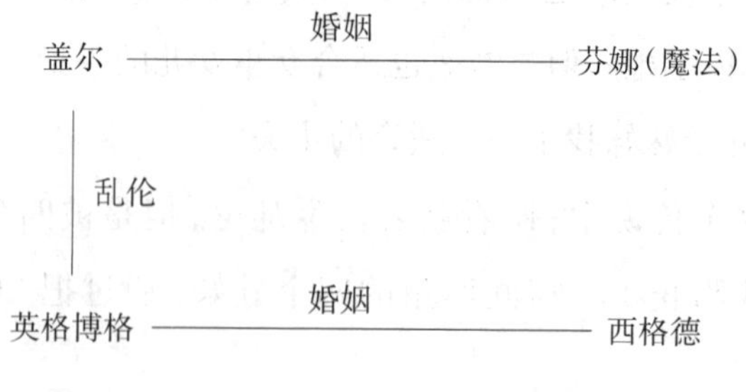

在俄罗斯：

婚姻

王子 ———————— 巫婆的女儿(魔法)

乱伦

婚姻

姐妹 ———————— 陌生人

432 这两个图式有明显的一致性。在这两种情况下,英雄娶的新娘都和魔法或者超世间有关。假定上面描述的婚姻四相性原型是这些民俗四相性的底层,那么这些故事显然是基于以下图式的:

婚姻

术者 ———————— 阿尼玛

婚姻

姐妹 ———————— 阿尼姆斯

433 和阿尼玛的婚姻,其心理对等体是意识(层面)明确的身份认同和无意识的婚姻。但是,由于这种情况只有在心理自我认识完全缺失时才有可能发生,所以它或多或少是原始的,也就是说,男人对女人的关系本质上是一种阿尼玛投射。整个事情是无意识的,其唯一征兆是一个显著的事实:阿尼玛意象承担者具有与众不同的魔幻特性。在故事中,妹妹—阿尼姆斯的关系中缺少这些特性,也就是说,无意识并没有让它自己作为一个单独体验被感受到。由此我们必然得出的结论是,这些故事的象征性在于非常原始的心理结构,它比炼金术的四相性和其心理对等体还要原始许多。从而我们必然推测，在一个更为原始之水平上，阿尼玛也会丧失其魔幻属性，结果就是非复杂的、实打实的婚姻四相性。而且我们的确发现在所谓的“表亲—交叉婚姻”中有对应的两个交叉配对存在。为了解释这种婚姻的原始形式，我必须做些详细说明。男人把自己的妹妹嫁给他妻子的哥哥，是“换妹婚姻”的遗迹，这是很多原始部落的结构特征。但与此同时，这种双重婚姻是困扰我们的问题的原始对等物，这个困扰我们的问题就是：一边是术者和妹妹之间的意识和无意识的双重关系，另一边是国王和王后（阿尼姆斯和阿尼玛）之间的意识和无意识的双重关系。约翰·莱亚德（John Layard）的重要研究《乱伦禁忌与处女原型》（*The Incest Taboo and the Virgin Archetype*, 106）让我想到心理学的社会学层面。原始部落分为两个部分，对此豪伊特（Howitt）说：“整个社会被分为两个异族交互通婚的阶层，整个社会结构就此建立起来。”[1]这些“半族”（moieties）体现在移居地的安排[2]以及很多的奇怪风俗中。例如在典礼上，两个部族被严格隔离，不能侵犯对方领域。即便是出去狩猎，他们一扎营就立即分为两边，而在两个营地间要特意安排自然阻碍物，如河床。另一方面，这两半通过赫卡特（Hocart）所说的“双方仪式性相互依赖”或

1 *The Native Tribes of S.E. Australia*, 71, p.157; cf. Frazer, *Totemism and Exogamy*, 46, I, p.306.

2 Layard, *Stone Men of Malekula*, 107, pp.62ff.

"交互扶持"联系起来。在新几内亚，一边会繁殖和喂养猪狗，不是为了自己，而是为了另一边，反之亦然。或者当村子里有人死亡，准备葬礼时，这些牲畜被另一边吃掉，诸如此类。[1]其他地方这种分化的另外一种形式是广泛存在的"双重血亲"体制。[2]

434 赋予两边的名称特别具有启发性，比如说（这里只提一小部分）东和西、上和下、日和夜、男和女、水和地、左和右。从这些名字不难看出，两个半边部落被认为是对立的，因而是精神内在对立体的表达。这个对立体可以表述为男性自我对立于女性"他人"，也就是意识对立于人格化为阿尼玛的无意识。精神的原始性分裂（分裂成为意识和无意识）看起来是部族和其居住地分化的原因。这是一种建立在事实上的分化，而不是有意识地认识到了这一点。

435 社会分裂从起源上来说，是一个母系社会分化为两个部分，但是在现实中它代表着部落和居住地分化为四个部分。这种"四分"通过父系线的分化在整个母系社会的过渡期都不断发生（该层面的婚姻相当于"群体婚姻"），以致整个人群被分化为两个母系半族和两个父系半族。[3]这种"四分"的实际目的是分离和区分婚姻阶级（或"血缘组"，正如它们目前所被称

1 Hocart, 68, p.265.

2 Ibid., pp.157, 193.

3 Layard, 107, pp.85ff.

呼的）。基本模式是一个正方形或圆形被十字分割，它形成了原始领地和古代城市的平面图，也形成了庙宇、修道院等的平面图，这种情况在欧洲、亚洲和史前美洲都可以见到。[1]埃及的象形文字中“城市”就是圆形中一个圣安德鲁十字。[2]

436 具体到婚姻阶级时，应该提出的是，每个男人都属于他父亲的父系一半部落，而他要娶的女人必须来自他母亲的那一半部落。为了避免乱伦的可能，他娶了妈妈兄弟的女儿，并把自己的姐妹许配给妻子的兄弟（姐妹互换婚姻）。这导致了交叉表亲婚姻。[3]

437 这种形式的联合，由两对兄弟姐妹交叉组成婚姻，看来就是我们在炼金术中发现的特定心理原型体的起源。

当我说“模式”的时候，我的意思不是指婚姻阶级的系统是原因，而我们的心理原型体是结果。我想指出的是，这个系

1 Hocart, 68, pp.244ff.

2 Ibid., pp.250.

3 Layard, 106, pp.270ff.

4 我要提醒读者的是，国王和王后通常是哥哥和妹妹，或者有时候是母亲和儿子。

统的存在早于炼金术的四相性。我们也不能假定，原始婚姻四相性是这种原型的起源，因为后者根本不是人类的发明，它早在意识出现之前就存在，正如原始人以及今天的文明人的仪式化象征一样。我们的确会不假思索就做某些事情，因为这些事一直以来就是如此而做的。[1]

438 原始婚姻四相性和文化婚姻四相性的不同在于这一事实：前者是社会学现象，后者是神秘现象。当婚姻阶级差不多在文明人中消失的时候，它们却在更高的文化层面上以灵性理念重新出现。为了部族的发展和繁荣这一利益，异族通婚的社会秩序在其背景中推入了同族通婚的倾向，为的是防止退化到一种根本没有群体的状态这一危险。它坚持在躯体和灵性上引入“新鲜血液”，而后被证明是在文化发展中一种有力的手段。根据斯宾塞（Spencer）和吉能（Gillen）所言：“这种已被称为集体婚姻的系统，其作用是或多或少地把个人团体拉近，这些个人团体彼此关心对方的福利，是人类早期阶段的种族向前发展的最有力的动因之一。[2]莱亚德在上述研究中扩展了这个理念。他把同族通婚（乱伦）倾向看作是一种真实的本能，它在肉体的实现如果被否决，就必然在灵魂中实现它自己。正如异族通婚首先让文化成为可能一样，它也包含着潜在的灵性的

1 如果做这些事情的时候我们会有些考虑，它必然是一个前意识的思维行动，而不是无意识的。要是没有这么一个假设，心理学解释就不能够很好地自圆其说。

2 *The Northern Tribes of Central Australia*, 152, p.74.

目的。莱亚德说:“它的潜在的或灵性的目的,是通过发展这样的理念来扩展灵性的范围的:毕竟总有这么一个领域,原始的欲望可以得到满足,这个领域就是神灵以及和他们的半神圣对应物——文化英雄——的神圣领域。”[1]乱伦性圣婚之理念的的确确出现在文明宗教中,并展现于基督教意象的无上灵性中(基督和教会,婚约中的男方和女方,《所罗门之歌》中的神秘主义,等等)。莱亚德说:“因此,乱伦的禁忌从生物领域绕了一圈出来,进入了灵性领域。”[2]在原始的层面上,女性意象,即阿尼玛,仍然完全是无意识的,从而处于一种潜在的投射状态。通过“四阶层的婚姻系统”分化为八阶层[3],婚姻伴侣间的亲缘程度在很大程度上被稀释,而在十二阶层的系统中它被(进一步减少)。这些“两分体”[4]显然是服务于扩张婚姻阶层框架的,从而把越来越多的人类群体纳入血缘系统中。当然这种扩张只有在人口规模扩大的情况下才有可能[5]。八阶层,尤其是十二阶层,意味着异族通婚系统的巨大发展,但同样严重抑制了同族通婚的倾向,从而刺激了后者以它自己的方式展开新的发展。无论何时,当一种本能力量(即一定量的精神能量)被意识心理的片面态度(在这里是异族通婚)驱赶到背景中,就必

1 Layard, 106, p.284.

2 Ibid., p.293.

3 这个系统的男人娶的是母亲的母亲的兄弟的女儿的女儿。

4 Hocart, 68, p.259.

5 比如,在中国,仍然可以发现十二阶层系统的遗迹。

然导致人格的解离。意识人格和它单轨(异族通婚)的倾向,遇到了一个隐形的(同族通婚的)对手,而因为这个对手是无意识的,所以它被感觉为陌生的,从而以投射的形式表现它自己。一开始它以人类的形象显现,这些人有权力做其他人不能做的事情,如国王和王子。这也许是皇族乱伦特权的原因,如在古埃及。在皇族的神奇权力来自神灵这一意义上,乱伦特权转移到了后者,从而产生了乱伦性圣婚。但是当围绕国王这个人的神秘光环被神灵接管后,它就被转移为灵性权威,导致了自动化精神情结的投射——也就是说,精神存在变成了现实。所以莱亚德正确地把阿尼玛归结为女神的内在精神。[1]在女神的形象中,阿尼玛被以外显的形式投射,但是在其本身(心理学)的形象中,她是被内摄的,正如莱亚德所言,她是“内在的女性意象”。她是自然的女性,从一开始就是男人的母亲、姐妹、女儿、妻子——其同族通婚倾向徒劳地想要以母亲和姐妹形式赢取的伴侣。她代表着从历史鸿蒙初始就不得不舍弃的渴望。于是莱亚德正确地说,这是“通过舍弃的内化”。[2]

439 在神灵的领域,在灵魂的高层世界,同族通婚倾向找到了一个出口。这里它显示出其自身是一种灵性本质的本能力量,而且,从这个角度看去,最高水平的灵性生命是返回到最初,这

1 Layard, 106, pp.281ff.

2 Ibid., p.284. 也许我可以指出的是,在我早期的《无意识心理学》(*Psychology of the Unconscious*, 87, Part II. Ch. VII)中也得出了类似的结论。(91, pt.ii, Ch. VII)

样人的发展就变成一种阶段的重演，最终导致了生命在灵性中的圆满。

440 具体的炼金术投射乍看上去像是退行：神和女神被简化为国王和王后，而它们反过来又像是将要化合的化学物质的比喻。但是退行仅仅是表面显现。实际上它是非常明显的发展：中世纪探寻者的意识心灵仍然在形而上学理念的影响之下，但是因为他无法从自然中获得这些理念，就把它们投射到自然中。内在精神看起来以一种神秘的方式从灵性的世界迁移到了物质的领域。但是投射降落到物质之中这一过程，让某些古代的炼金术士，如摩利努斯·罗曼努斯（Morienus Romanus），清晰地认识到这里的物质不仅仅是人类的身体（或者身体中的某种东西），而是人类的人格本身。这些前科学时代的大师们已经超越了蒙昧物质主义不可避免的阶段，但仍然有待从时代的子宫中脱胎而出。而一直要到现代心理学的出现，才会发现这些炼金术士的人类“物质”可以被看作是精神。

441 在心理的水平上，表亲交叉婚姻中的关系纠葛在移情问题中再次出现。包含在阿尼玛和阿尼姆斯这一事实中的困境被投射到它们的人类对应物中，从而通过暗示创造出一种原始关系，这种关系显然可以追溯到集体婚姻的年代。但是只要阿尼玛和阿尼姆斯不可置疑地代表了人格的性别对立成分，它们的血缘性格就不会倒退指向集体婚姻，而是“向前”指向人格的整合，也就是自性化。

442 我们当今的文明——如果可以称之为文明的话，它的意识崇拜是带有基督教印记的，即意味着阿尼玛和阿尼姆斯都不能得到整合，仍然停留在投射的状态，也就是通过教条来表达。在这个层面上，这些形象作为人格的成分都是无意识的，尽管在围绕着婚房和婚礼的教义理念的神圣光环中其效用仍然是明显的。然而，我们的“文明”已经出现了一种非常可疑的主张，一种清晰明白的对基督教义崇高理念的背离，而结果就是，投射很大程度上也背离了神圣形象，无可避免地被安放到人类领域中。这是可以理解的，因为“启蒙”知识分子无法想象任何比人更伟大的东西，他们能想到的唯一比人伟大的东西，只是那些具有集权主义抱负，把自己称为国家代表或元首的自以为是之人。这种退行在德国和其他国家已经无比清晰了。而且即便在这种退行不是那么明显的地方，这些流失的投射也对人类关系有干扰的效应，而破坏了至少四分之一的婚姻。如果我们拒绝通过树立对错、真假、善恶的标准来判断世界历史的变迁，而是乐于在每次进步中看到衰退，在每种善良中看到邪恶，在每条真理中看到谬误，那么我们就能把目前的退化和（另一个）明显的退步相比，后者导致了从经院哲学到自然哲学的神秘化倾向以及之后的物质主义。正如物质主义导致了经验科学以及对精神的新的理解，集权主义精神病和其带来的恐怖的结果，以及其对人类关系的无可忍耐的扰乱，迫使我们关注精神和我们可怕的无意识。人类作为一个整体，从未以如此大的规模体验过心理因素的向导力量。在某方面来说，这是一场灾难，是一种无可比拟的倒退。但是它也没有超出这样的可能性——这种经验也有它积极的部分，也可能变成新生时代的高贵文化的种子。同族通婚的倾向有可能根本上不是倾向于投射的。它可能会试图通过表亲交叉婚姻的模式来联合人格的不同成分，但是在一个更高的平台上，“灵性婚姻”变成了不会被投射的内在体验。这种体验长期以来一直在梦中以一分为四的曼荼罗的形式得以描绘，它看起来代表着自性化，也就是自性的目标。

443 随着人口增长和婚姻阶层的分化，异族通婚秩序进一步扩展，除了乱伦禁忌，所有的屏障被逐步打破。原初的社会秩序为其他组织因素让路，最终形成了现代“国家”理念。现在，过去的一切最终都沉入了无意识，对于原初的社会秩序来说也是如此。作为一种原型，它以一种最有利的方式合并了异族通婚和同族通婚，在防止兄妹婚姻的同时，为表亲交叉婚姻提供了一种替代。这种关系仍然足够亲近，可以或多或少满足同族通婚的倾向，但是也足够遥远，可以包括其他族群，并有序地扩展部族的凝聚性。但是随着两分性的不断增加，异族通婚的屏障被逐渐废弃，同族通婚倾向必然会增强，以便给予同宗族关系以同等分量，从而将它们维系在一起。这种反应主要表现在宗教领域，然后是政治领域，一方面是宗教社会和教派的发展（我们只要想想哥们义气和基督教的“兄弟之爱”的理想），另一方面则是各国的发展。国际主义的增长和宗教的弱化，很大程度上废弃或桥接了这些最后留下的屏障，而在未来这种倾向会愈演愈烈，结果只是创造出一个无组织的群体，其初步表现已经能够在当代的群体精神现象中看到。相应地，原初的异族通婚秩序正快速地接近一种被痛苦地控制的混乱的状态。为此只有一个补救方法：个体内在的统一，否则个体就会在集体精神中受到不可避免的僵化和瓦解之威胁。近来的经历向我们清楚地表明这意味着什么。没有任何宗教能够提供任何保护，而我们的组织要素（国家）被证明是最有效的制造集体人的机器。在这种情况下，唯一能够起到帮助作用的就是，让个体能够获得免疫力，对抗集体精神的毒害。正如我已经说过的，可以设想的是，同族通婚倾向会补偿性地介入并恢复同族婚姻，或者在精神的水平上——也就是在个体内部，重建分裂人格各成分的统一。这将与渐进的二分性（集体人的精神分裂）形成一种抗衡。

444 至关重要的是，这个过程应该是有意识地发生的，否则群体心灵盲目性的精神后果就会加剧，并成为永久性的。因为如果个体的内在统一不是一个有意识的成果，它就会自发地发生，然后会采取众所周知的形式，正如集体人对他的同胞所表现出来的那种难以置信的冷酷无情。他变成了无灵魂的从众动物，只受恐惧和欲望的支配：他的灵魂（只能在人际关系中存活，也只能从人际关系中获得生命）无可挽回地丧失了。但是内在统一的意识性达成需要依附人类关系作为必要条件，因为没有对我们和周围人的同伴关系的意识性承认和接纳，就没有人格的综合合成。内在统一得以发生的神秘某物，不是任何个人化的东西，和自我毫无关系，事实上要超越于自我，因为作为自性，它是自我和超个人无意识的综合。人格的内在统一，不仅是集体人在更高层次上以灵性超然和不可靠近为形式表现出来的冷酷：它无疑也包括了我们人类同胞。

445 就“移情只是投射，此外别无他物”这一点来说，移情分开万物，正如它连接万物。但是经验告诉我们，移情中有一种连接，不会随着投射的断绝而断裂。这是因为在移情后面有一种极其重要的本能因素——血亲力比多。因为异族通婚倾向的无限扩张，这种力比多已经被远远地推到后台。于是它要找到一个出口，一个适度的出口，只在当前的家族圈子里的出口，有时候甚至因为对乱伦的合理抵制，这个出口并不在家里。通过异族通婚对同族通婚的严格限制，其结果就是产生了一种自然的社会组织，其中同族通婚完全消失了。现在每个人都是陌生人群中的一个陌生人。血亲力比多（它本来能产生一种共同归属的让人满意的感觉，比如在早期的基督教社团中）长期以来被剥夺了它的客体。但是，作为一种本能，它不能通过任何单一的替代物，如教条、聚会、民族或国家，而得到满足。它想要的是人类连接。这就是整个移情现象的核心，不可能把它劝退，因为和自性的关系就是和我们同胞的关系，除非一个人能和自己联系,否则他是无法和其同胞联系的。

446 如果移情保留在投射的水平上,它建立的连接显示出一种退行具体化(concretization)的倾向,即一种对原始社会秩序返祖性重建的倾向。这种倾向在我们现代社会没有立足之地,因此朝这个方向走的每一步只会导致更深刻的冲突,最终导致一种真正的移情神经症。故而对移情的分析绝对有必要,因为如果病人要获得他进行自由决定所需的更广阔的视野的话,投射的内容必须得到重新整合。

447 然而,如果投射被打断的话,连接——无论是负性的(恨)还是正性的(爱)——都会暂时崩溃,以致除了职业性面对面的礼仪外,似乎什么都没有留下。一个人也许会在这种情况下勉强发出一声无人所知的放松的长叹,即使他知道,无论对他自己还是对方来说,这个问题只是被悬置而已。它迟早会在这里或者那里出现,因为在它背后,是朝向自性化的不息冲动。

448 自性化有两个主要方面:首先它是一种内在的、主体的整合过程,其次它是一种同样需要客体关系的过程。虽然有时候其中一方会起主导作用,但任何一方都不能缺少另一方而存在。这两个方面都有相应的危险。第一种危险是病人利用分析无意识产生的灵性发展机会,作为逃避较深层人类责任的托词,或利用这个机会来假装某种“灵性”(修炼),而这种灵性是经不起道德判断的。第二种危险是返祖倾向会获得优势,把关系拉到原始水平上。在这种进退维谷的境地中有一条狭窄之通路，中世纪的基督教神秘主义者和炼金术士对此有颇多发现。

449 从这个角度看去，由移情建立的联系（无论是多么难以承受，无论看起来是多么难以理解）都是至关重要的，不仅对个体，而且对社会，甚至对人类的道德发展和灵性进步都是至关重要的。所以，当心理治疗师不得不和困难的移情问题博弈时，他至少可以在这些反思中得到安慰。他不只是为这个特定的病人工作，这个病人也许没有多大意义，他是为了自己，为了自己的灵魂工作，而在这样做的过程中，他也许为人性灵魂的原野播下了一颗小小的种子。虽然这种贡献可能微小无形，但它仍然是“伟业”，因为它是在一个近来才有内在精神造访的领域内完成的，这个领域承载着人类问题的全部重量。心理治疗的终极问题不是私人事务——它代表着至高无上的责任。

（三）

赤裸真理

450 图3的文本引自《论黄金》（*Tractatus aureus*）[1]，有稍微改动。它如是说："欲习此术，此秘密智慧者，必要放下自负，必有奉献精神，正直善良，具深智慧，于其同胞具有人性，必沉着自若，心怀喜悦，存恭敬心。与此同时，他必须成为对其揭示的永恒真理之观察者。吾子，首先我要告诫于汝，对神须心存敬畏，神知汝之所为（in quo dispositionis tuae visus est），若见他人在孤苦中须得救助，无论此人是谁（adiuvatio cuiuslibet sequestrati）。"[2]而《哲学玫瑰园》还假托亚里士多德之名写道：

---

1 这是个阿拉伯的古文，起源不详。它在*Ars chemica*，1和*Bibliotheca chemica curiosa*，3（带注释）中都有收录。

2 这个引文和原文有些许不同（1，i，p.14）："in quo est nisus tuae dispositionis, et adunatio cuiuslibet sequestrati." 参见*Psychology and Alchemy*，85，par. 385及相关脚注。

PHILOSOPHORVM.

ſeipſis ſecundum ęqualitatē inſpiſſentur. Solus enim calor tēperatus eſt humiditatis inſpiſſatiuus et mixtionis perfectiuus, et non ſuper excedens. Nā generatiōes et procreationes rerū naturaliū habent ſolū fieri per tēperatiſsimū calorē et ęqualē, vti eſt ſolus fimus equinus humidus et calidus.

D

图3

“神若能找到虔信理解之人，他便会对此人展现自己的秘密。”[1]

451 这种对道德品质的诉求使一件事变得非常清楚：这个“伟业”不仅仅要求具备现代化学研究和实践那样的智力和技术能力，它也是一种道德的承担和心理的任务。这些文本中充满了此类告诫，它们表明了执行宗教工作所必需的那种态度。虽然要让我们的图画和这样一段开场白协调一致很困难，但毫无疑问，炼金术士们是在此意义上理解工作的。道德的装饰已经剥落了。[2]男人和女人以不加掩饰的自然性彼此相对。日神说：“喔，月神，许我为你丈夫。”[3]而月神说：“喔，日神，我必服从您。”鸽子携带着献词：“灵性就是联合。”（“Spiritus est qui unificat.”）[4]这个评注与图片上赤裸裸的情欲是不相称的，如果日神和月神——需要指出的是，他们是兄妹关系——所说的话有什么意义的话，那必定意味着尘世的爱。但是既然从上而降的灵性被阐述为媒介[5]，这个情景就具有了另一层面的意义：它被设定为一种灵性的结合。左手关系不复存在：现在两人的双手都通过“联合象征”连接着。而这一点也改变了：只有三朵花而不是五朵，不再是八位体，而是六位体——一个六边的形象。双重四相性现在被双重三相性所取

1 2，xiii，pp.227—228.

2 Cf. Cant. 5：3（Vulg.）：“我已脱去了服饰。”

3 此处原初文本就是模糊不清的。

4 这是1593年版本的献词。1550年第一版有“vivificat”（重生）一词。

5 鸽子同样被认为是爱的女神，是古代夫妇之爱（amor coniugalis）的象征。

代。[1]这种简化显然是两种元素已经彼此配对的结果，大概是和它们的对立体（配对），因为根据炼金术的理论，每一种元素中都"在其中"包含有它们的对立体。为了和玛利亚法则保持一致，基本的四相性变成了活跃的三位体，而这导致了双方的化合。

452 从心理角度来看，我们可以说，这个情境已经摆脱了传统的外壳，并且发展出和现实的全然相遇。没有任何虚伪的面纱或装饰，人以他的本来面目站立于前，并且展示出隐藏在习俗适应的面具之后的东西：阴影。阴影现在上升到意识中，并且被整合到自我中，这意味着朝着整体性方向的运动。整体性（wholeness）并不像完全性（completeness）那么完美。阴影的同化，让人的身体——也就是说，本能的动物性领域——以及原始或古老精神，能够在意识的地带得以涌

1 Cf. Joannes Lydus, 110, II, 11："第六天他们认为属于磷（晨星），是温暖和生殖湿液的产生者。也许正如希腊神话所展现的，这是阿佛洛狄忒（Aphrodite）之子，就像黄昏之星金星（Hesperus）一样。我们可以把阿佛洛狄忒称为可见宇宙的本质，原初产生的原始物质，哲人们把它命名为星样体，就如天空一般。数字6在生产过程中是最具有技能性的，因为它既是偶数又是奇数，既分担了奇数的主动性质（奇数，"περιττὸν"，也意味着'表面的'或'过度的'），也分担了偶数的物质形式，因此古代人把6命名为婚姻与和谐。在1之后的数字中，6是唯一一个其所有部分都圆满的数字，它是这样组成的：它的一半是数字3，它的三分之一是数字2，而它的六分之一是数字1［6=3+2+1］。而且他们也认为6既是男性也是女性的，就像阿佛洛狄忒本人一样，她同时具有男性和女性的本质，从而被神学家们称为雌雄同体的。也有另一种说法认为，数字6是灵魂制造的，因为它能增殖自身，让自己进入世界的领域。也因为在它之中，对立体得到混合。它导致了志同道合和友谊，给身体带来健康，带来歌曲和音乐的和谐，给灵魂带来美德，给国家带来昌盛，给宇宙带来深谋远虑。"

现，而不再被虚构或幻觉所压抑。这样，人就成了他自己真正的难题。如果他想要有一点发展的话，他必须始终意识到他自己就是这个问题这一事实。压抑如果不是导致发展停滞的话，也会导致片面的发展，而且最终导致神经症性解离。今天的问题不再是“我怎么才能摆脱我的阴影？”——因为这种片面性祸害我们已经见识得够多了。相反，我们必须问我们自己：“人如何能够与他的阴影共存，而不会遭受它促发的一连串灾难？”对阴影的认识已经足够让人学会谦虚，因为他学会了真诚地畏惧人心之中的无底深渊。这种谨慎是最得当的，一个认为自己是无害且无阴影的人，正是因为他忽略了自己的阴影。认识到自己阴影的人非常清楚地知道，他并不是无害的，因为阴影把原始精神，整个的原型世界，直接与意识心灵接触，并且用自己的原始影响力浸透意识心灵。这自然增加了“亲和力”的危险，亲和力可能导致误解的投射，还可能导致根据投射同化客体的冲动。把亲和力拉入家族圈中，为的是实现隐藏的乱伦情境，对乱伦情境理解越少，它就越具有吸引力和迷惑力。尽管存在种种危险，但是这种情况的好处是：一旦赤裸的真理被袒露，讨论就可以转入问题的实质，自我和阴影不再分裂，而是以一种确实不稳定的联合体形式聚合到一起。这是一个很大的进步，但是与此同时，它更加清晰地展示出一个人同伴的“不同性”，而无意识通常会通过提升吸引力来试图填补这个差距，为的是以某种方法产生想要的联合。所有这些都由炼金术理念所证实，即维持这一过程开始的时候要用文火，然后必须逐渐升高到最高温度。

（四）

浸洗沐浴

453　在这张图片中出现了一个新的主题：沐浴。在某种程度上，这把我们带回了第一张图的墨丘利喷泉，它代表着“上涌”；泉中液体就是墨丘利，不仅仅有着“三重之名”，更有着“成千”种名号。它代表着神秘的精神物质，今天我们会称之为“无意识心理”。无意识中升起的喷泉触碰了国王和王后，或者不如说他们下降后进入无意识，就像进入沐浴一样。这个主题在炼金术中有很多变种。这里是一些例子：国王有被大海淹没的危险；他是海底的囚徒；太阳淹没在墨丘利喷泉中；在温室中流汗的国王；吞日的青狮；加布里库斯（Gabricus）在他妹妹贝雅（Beya）[1]的身体中消失，在此他溶解为原子，诸如此类。带

1　加布里库斯和贝雅是中世纪著名炼金术文本《阿里斯莱的幻想》（*Visio Arislei*）中的皇室兄妹。——中译注

ROSARIVM

corrūpitur, neq; ex imperfecto penitus secundū artem aliquid fieri potest. Ratio est quia ars primas dispositiones inducere non potest, sed lapis noster est res media inter perfecta & imperfecta corpora, & quod natura ipsa incepit hoc per artem ad perfectionē deducitur. Si in ipso Mercurio operari inceperis vbi natura reliquit imperfectum, inuenies in eo perfectionē et gaudebis.

Perfectum non alteratur, sed corrumpitur. Sed imperfectum bene alteratur, ergo corruptio vnius est generatio alterius.

Speculum

图4

有俗世灵魂的墨丘利的水样形式，一方面被诠释为无害的沐浴，另一方面被诠释为“大海”的充满危险的侵蚀，现在它开始从下方攻击这对皇族情侣，正如它以前以鸽子的形式从上面降落下来一样。图2中左手的接触显然唤醒了深处的灵魂，并且引发水的急速上升。

454 浸入大海中意指“solutio”——这个词的物理学意义是“溶解”，同时，根据多恩的说法，也是指问题的解决[1]。这是回归到黑暗的起始状态，回归到怀孕子宫的羊水中。炼金术士不断指出，他们的石头在其母亲体内如同孩子一样生长；他们称“密义瓶”为子宫，其中的内容为胎儿。对石头所下的判言也是适用于水的：“这种臭水包含着它所需要的一切。”[2]它是自给自足的，就像咬尾蛇（Uroboros），自食其尾者，据说他产生自己，杀死自己，并吞噬自己。“此水予杀且予生”（Aqua est, quae occidit et vivificat）[3]。这是“被祝福的水”（aqua benedicta），净化仪式之水[4]，在其中新的生命准备诞生。正如图片文字解释的那样：“我们的石头是从两

1 Dorn，5，ii，p.303：“化学的腐烂可以和哲学家的研究相比……正如机体通过‘solutio’而溶解，哲学家的疑惑也通过知识而解决。”

2 我将其读作“臭水”（aqua foetida），而不是毫无意义的“aqua foetum”（Rosarium，2，xiii，p.241）。见“Consilium coniugii”，p.64：“绿狮，也就是是……臭水，是所有事物的母亲，它们准备好，从它而出，通过它，伴随它。”

3 *Rosarium*，2，xiii，p.214. Cf. “Aurora consurgens”，I，Ch. XII. 文中新娘借上帝的话谈论自己：“我将予杀，我将予生……无人可脱离我掌。”

4 *Rosarium*，2，xiii，p.213.

个机体的自然本性中提炼而出。”这个文本也把水比作《翠玉录》(*Tabula smaragdina*)中的“风”(ventus):“风于腹中携带水。”《哲学玫瑰园》补充道:“显然风便是气,气便是生命,生命便是灵魂,灵魂就是,油和水。”[1]灵魂是油和水,这一奇特理念源自墨丘利的双重本质。“永恒之水”是其诸多同义名之一,还有“橄榄油”(oleum)、“橄榄”(oleaginitas)、“油性”(unctuosum)、“油膏”(unctuositas)等,都是指向类似墨丘利的神秘物质。这个理念形象地提示了基督教对多种油膏和圣水的使用。上面提到的两个机体是由国王和王后代表的,有可能是指向弥撒圣杯中两种物质的“混合”(commixtio)。同样的化合在《贝瑞公爵的伟大时刻》(*Grandes heures du duc de Berry*,法国著名手绘本)[2]中也有展示,其中提到“小男人和女人”在圣杯的洗礼沐浴中由两个神圣的仆人给他们涂油。在炼金术“伟业”和弥撒之间毫无疑问存在联系,正如炼金术士梅尔希奥(Melchior Cibinensis)[3]的专著所证实的。我们的文本说:“阿尼玛是日神和月神。”炼金术士以严格的中世纪三分法来思考。[4]任何活着

---

1 *Rosarium*, p.237. This goes back to Senior, 164, pp.19, 31, 33.

2 35, ii, Cf. *Psychology and Alchemy*, 85, fig. 159.

3 16世纪炼金术士。荣格认为其真身是尼古拉斯·梅尔希奥·塞拜尼(Nicolas Melchior Szebeni),但具体情况未被证实。——中译注

4 Cf. *Aurora consurgem*, I, Ch. IX:“正如圣父所是,圣子亦如是,圣灵亦如是,而此三为一,身、灵、魂,因所有圆满由数字三组成,即度量、数字和重量。”

的东西，他的“石头”毫无疑问也是活着的——由“身体”、“阿尼玛”和“灵魂”组成。《哲学玫瑰园》（p.239）标明：“身体是金星和女性的，灵魂是墨丘利和男性的。”于是阿尼玛作为“纽带”，身体和灵魂之间的链接，是雌雄同体的。[1]墨丘利是出类拔萃的雌雄同体者。从所有这些资料可以推断出，王后代表着身体[2]，国王代表着灵魂。但是他们双方没有精神上的联系，因为是系带把他们拉到一起的。[3]如果不存在爱的联结，他们就没有灵魂。在我们的图片中，联结是通过来自上方的鸽子和来自下方的水共同起作用的。这些构成了联系——换句话说，它们是灵魂。[4]所以精神的潜在理念的意义，被证明是一半身体、一半灵魂的物质，是一种“自然中介之阿尼玛”（anima media natura）[5]，正如炼金术士如此称呼它[6]，它是一个雌雄同体的存在[7]，能够连接起对立面，但是永远不能在个体内完成，除非和另外一个个体发生关系。没有关系连接的人类个体是缺

1 *Anima vocatur Rebis*, 2, ii, p.180.

2 根据Firmicus Maternus（43, p.3），月神是“humanorum corporum mater”（人体物质）。

3 有些时候灵魂是系带，否则的话，系带就是“热情本质”（natura ignea）。（Zacharias, 5, v, p.887）

4 心理学上讲，应该把人理解为灵魂。

5 Cf. “De arte chimica”, 2, xi, pp.584ff., and Mylius, 120, p.9.

6 Cf. “Turba”, 2, ii, p.180：“……心灵和身体是一，灵魂作为媒介让心灵和身体紧紧连接。如果没有灵魂，心灵和身体就会被火分开彼此，但是因为灵魂连接了心灵和身体，所以这个整体不会受到火的影响或者受到这个世界任何其他东西的影响。”

7 Cf. the observations of Winthuis, 163.

乏整体性的，因为他只能通过灵魂达到整体性，而灵魂如果没有它的另一面是不能够存在的，灵魂总是在一个“你”之中被发现。整体性是“我”和“你”的联合，而它们显示为一个超越性统一体的部分[1]，这个超越性统一体的自然本性仅仅能够象征性地把握，正如在“圆形”（玫瑰、车轮）[2]或者“日月化合”的象征中所见。炼金术士甚至走得如此之远，以至于说：神秘物质的“身体”、“阿尼玛”和“灵魂”是“一”，因为它们都来自太一，属于太一，和太一在一起，是它自身的根源。[3]一个是其自身起因和源头的事物，只能是上帝，除非我们采信帕拉赛尔苏斯主义者暗指的双元论，他们的意见是：“原初物质”是一种“非可创造之物”（increatum）[4]。同样地，前帕拉赛尔苏斯主义者的《哲学玫瑰园》[5]坚持认为，第五元素是一种“自足体，和所有元素不同，和一切由此构成的事物不同”。

455 现在就谈到了这幅图片的心理学，这显然是下降进入无意识。浸浴，是另外一种“夜海之旅”[6]，正如《阿里斯莱的幻

---

1 当然，我的意思不是指两个个体的合体或者认同，而是指自我和被投射进入“你”之中的所有东西的意识性联合。因为整体性是内在精神过程的产物，此过程本质上依赖于一个个体和另一个个体的关系。关系铺平了自性化的道路，并且让自性化成为可能，但是它自身并不是整体性。对女性伴侣的投射有时包含了阿尼玛，有时包含了自性。

2 Cf. *Psychology and Alchemy*, 85, index.

3 *Rosarium*, p.369.

4 *Psychology and Alchemy*, pars. 430ff.

5 *Rosarium*, p.251.

6 Cf. Frobenius, *Das Zeitalter des Sonnengottes*, 53.

想》所显示的。在《阿里斯莱的幻想》中，哲人们和一对兄妹被“海神”(Rex Marinus)封锁在海底一个三元的玻璃屋里。正如那些原始神话，鲸鱼肚子里的温度高得令人窒息，以致英雄头发都掉光了，哲学家们也在禁闭中饱受炽热[1]之苦。英雄神话常会出现重生和复原(apocatastasis)，而《阿里斯莱的幻想》中同样是死了的加布里库斯复活的故事，或者，在另一个版本中，是他重生的故事。[2]“夜海之旅”是一种降入冥府(descensus ad inferos)以及鬼域的旅行，此地超越了这个世界，超越了意识，从而浸入无意识中。在我们的图画中，沉浸因为燃烧的、地府的汞(墨丘利)的升起而起效，其可能是吞没男女双方的性欲力比多，并显然是天上的鸽子的对立体。[3]后者通常被认为是一种爱情之鸟，在基督教传统中它也有一种纯粹的灵性意义，且被炼金术士们所接纳。于是，这对男女在上方通过圣灵的象征而联合，并看起来沉浸入沐浴中联结在一起；也就是说，在水中的，是灵魂的对立体。(赫拉克利特说：“正是死亡，让灵魂变成水。”)对立性和同一性集于一

1 2,i,p.148:“我们停留在波浪的黑暗中，在夏天的酷热中，在大海的烦扰中。”

2 Cf. the birth of Mithras:“从力比多的炽热中”诞生(Jerome, 76, col.246)。同样，在阿拉伯炼金术中，造成融合的火被称为“力比多”。参见*Turba*, 2, ii, Exercitatio XV, p.181:“在前述提到的三者中，即身体、阿尼玛、灵魂中，存在一种力比多。”

3 见图5-2的题词：“但是此处日神之王被紧紧封闭/而哲人之汞(墨丘利)淹没了他。”太阳沉没到墨丘利喷泉中(*Rosarium*, 2, xiii, p.315)和狮子吞下太阳(p.367)都有这个含义，同时也是暗指墨丘利的火性(狮子座是太阳之屋)。墨丘利的这个侧面可参见*The Spirit Mercurius*, 89, pars.113f.(1948 ed., pp.120f.)

身——这本来是一个哲学问题，而此时将以心理学方式来解决它。

456 这个发展概括了原人（Nous）如何从天上跌落人间，并在物质包围中被遮蔽的故事——这是整个炼金术界传播的原初意象。这个阶段的现代对应物，是对性幻想的意识化认识，这些性幻想相应地渲染了移情。有意义的是，即便在此确定无疑的情境中，两人仍然双手拉着圣灵带来的星光闪闪的标志，这代表着他们关系的含义：人对超验性完整的渴望。

（五）

化　合

哦，月神，蜷偎在我甜蜜怀抱中 /

愿你强健如我，愿你容颜美丽。

哦，日神，人所知一切光芒中最明亮者。/

而你仍需要我，如凤求凰。（图 5）

457　大海淹没了国王和王后，而他们已经回到了混乱的源起，回到"混沌"。"自然"以激情的拥抱包裹住"光明之人"。正如文本所言："接着贝雅（母性之爱）涌起来盖过了加布里库斯，并把他围在自己的子宫中，这样就再也看不到他的踪影。她如此深爱着加布里库斯，以致她把他完全吞噬到自己本体中，把他溶解为原子。"接着引用了来自墨丘利努斯（Merculinus）的诗句：

CONIVNCTIO SIVE
Coitus.

O Luna durch meyn vmbgeben/vnd süsse mynne/
Wirstu schön/starck/vnd gewaltig als ich byn.

O Sol/du bist vber alle liecht zu erkennen/
So bedarfstu doch mein als der han der hennen.

ARISLEVS IN VISIONE.

Coniunge ergo filium tuum Gabricum dilectiorem tibi in omnibus filijs tuis cum sua sorore Beya

图5

皮肤白皙的女郎，满怀爱意地嫁给了四肢红润的丈夫/他们愉悦地在夫妻结合中彼此拥抱/为寻求完美的目标，他们化合并消融/彼此合二为一，宛如一体。

458 在炼金术士丰富的想象中，日神和月神的圣婚继续降低到动物王国中，正如如下指导语所证明的："拿一只同时代的公狗和一只亚美尼亚的母狗，让它们交配，它们会为你生个儿子，长得就像狗。"[1]这种象征尽其可能地粗鄙。另一方面，《哲学玫瑰园》说："在化合之时，最伟大的奇迹发生了。"[2]因为这是一个"哲人之子"或"哲人石"产生的时刻。来自阿尔费迪乌斯(Alfidius)的一句引文："新的光明源于他们。"[3]卡里德(Kallid)[4]说过："像狗一样的儿子"，他有"天空般的色调"，以及"这个儿子会保卫你……在这一世和在下一世"。[5]同样地，西尼尔

---

1 *Rosarium*, 2, xiii, p.248. Quotation after Kallid, 2, vi, p.340. [Cf. par. 353, n.1; also n.2 supra.——英编注]

2 Ibid, p.247.

3 Ibid, p.248.

4 公元7、8世纪阿拉伯伍麦叶王朝(Umayyad)的王子。据传他从巴比伦僧人那里学习到炼金术，并把一些阿拉伯炼金术文本翻译为拉丁语。——中译注

5 Kallid, 2, vi, p.340："而赫尔墨斯对他父亲说：父亲，我害怕我房子里的敌人。而他说：我的儿子，带上一只公狗和一只亚美尼亚母狗，让它们在一起，它们会生出一只天空色调的狗。而如果它渴的话，给它海水喝，因为它会保卫你的朋友。它会保护你免遭敌害，无论你在哪里它都会帮助你，总是和你在一起，在这一世和在下一世。"

(Senior)[1]说："她已经生了一个儿子，为其父母打理一切，只是他比父母更加光辉灿烂。"[2]化合的真正意义，是它诞生了某种合一且统一的东西。它让消失了的"光明之人"得以修复，这个"光明之人"和诺斯替及基督教中的"道"(Logos，逻各斯)是同样的，他在创世前就存在；我们在圣约翰《福音书》的开头也见过他。因此，我们面对的是一个宇宙的概念，而这充分解释了炼金术士们使用最高级(词汇)的原因。

459 这个核心象征的心理学意义并不简单。从表面上看来，好像是自然本能获胜了。但如果我们仔细观察，就会注意到交媾是发生在水中的，在"黑色之海"中，也就是在无意识中。这个理念由这张图的一个变体(图5-2)传达。这里日神和月神又在水中，却都长了翅膀。因此他们代表着灵性——他们是空中的存在，是思想的创造物。图上的文字在说日神和月神是两道蒸汽或者烟雾，随着火焰温度的升高逐渐成形，然后从"原初物质"的"浓缩液"(decoctio)和"代谢物"(digestio)中带着翅膀上升。[3]这就是为什么有时把对立的双方用打斗的两只鸟[4]

1 拉丁语"老者"之意，是拉丁语炼金界对10世纪阿拉伯炼金术士Muhammed ibn Umail al-Tamimi的称呼。他是象征炼金术士的一个代表人物。——中译注

2 2，xiii，p.248. 放射性性质是墨丘利的特征，也是第一个人，即迦约马特或亚当的特征。Cf. Christensen，33，pp.22ff.; Kohut，101，pp.68，72，87.

3 Cf. "Practica Mariae"(2，v，p.321). 该文让二变成了四："它们是笼罩着两道光的两道蒸汽。"这些"四"明显对应着四大元素，因为在第320页我们读到："他说，如果人拥有四大元素的全部，它们的汽就能完整，混合，凝固。"

4 See Lambspringk，4，iii.

或带翅及无翅之龙来代表。[1]两个空中造物应在水中或水下交配，这一事实丝毫不会让炼金术士烦恼，因为他对其同义词的多变性是如此熟悉，所以对他来说，水不仅仅是火，也是所有其他令人惊叹的事物。如果我们把水解释为蒸汽，或许就离真相更近了。它是指沸腾的溶解，在其中，两种物质得以化合。

460 至于这些图画坦然的直白色情性，我必须提醒读者，它们是以中世纪的眼光来画的，故而更多是象征意义，而不是春宫之义。中世纪的阐释学者和灵修者能够不带戒备地对《所罗门之歌》中最精细的一节做观想，并带上灵性之眼镜来看待它们。我们的化合图片要从这个意义上来理解：生物水平上的联合，是“对立联合”(unio oppositorum)在其高峰的一个象征。这意味着在高贵技艺中的对立体联合和通常意义上的交媾是同样真实的，所以“伟业”变成了自然过程的譬喻，通过这个过程，本能性能量得到转化，至少是部分转化为象征性活动。这种譬喻的创造，让本能和生物领域作为一个整体从无意识内容中解放出来。然而，如果缺乏象征的话，就会让这个领域的本能超载。[2]包含在图5中的比喻，对我们现代人的口味来说是太直接了一些，所以它几乎不能将人们的思考引入更深的层次。

---

1 Frontispiece to *Le Songe de Poliphile*, 37. See *Psychology and Alchemy*, 85, fig. 4.

2 Cf. Mylius, 120, p.182. 该文献中有相矛盾的说法：“对那些具有象征的人，这些篇章是容易的。”

FERMENTATIO.

Hye wird Sol aber verschlossen
Vnd mit Mercurio philosophorum vbergossen.

图5-2

461 正如每位专业者都知道的，在医疗实践中遇到的心理对应现象经常采取幻想—意象的形式，这些意象被画出来的时候，和我们的图片几乎没有区别。读者们也许还记得，我早先提到的典型案例中[1]，受孕的行为被象征性呈现，恰好九个月之后，无意识——虽然可能受到"时限暗示"(suggestion à échéance)的影响——制造出了诞生或者一个新生儿的象征，而病人没有意识到先前的精神受孕，或者没有有意识地估算她的"孕期"。通常整个过程在一系列的梦中逐渐发生，只有在对梦境材料进行分析时才会被发现。很多炼金术士计算出"伟业"的时期和孕期相等，他们把整个过程比作一个妊娠期。[2]

462 主要的强调点在"神秘联合"，正如较早图画中存在的联合象征所明确展现的。在化合的图片中这个象征已经消失了，这或许并非没有深意。因为在这转折处，象征的意义被达成了：这对伴侣自己变成了象征。在一开始他们分别代表两种元素，接着双方联合成为"一"(整合阴影)，最后他们两个和第"三"方一起成为一个整体。"于是他们曾经是二，现在就像成了一个身体。"至此玛利亚法则得以实现。在这种联合中，圣灵也消失了，但是为了补偿这一点，日神和月神自己变成了灵性。于是，真正的意义就是歌德的"高级性交"[3]，即无意识同一性的结合，

---

1 See par. 377ff.

2 Cf. Kallid, 2, vii, pp.355f.

3 "你不要再为囚徒/蜷缩于黑暗迷惑中/新的欲望呼唤你向上/到那高级的性交。"(《西东合集》)

可以和原始的、起始的“混沌”相比，或者毋宁说和“神秘参与”(participation mystique)的状态相比——在神秘参与中，不同种类的因素在无意识关系中涌现。化合与原始混沌不同，不仅仅是因为机制不同，而是因为化合本质上从来不是初始状态：它总是一个过程的产物，或者努力的目标。心理学上情况同样如此，尽管这里化合的出现不是有意而为，而且遭到所有具备生物学头脑和责任心的医生的拼死反对。这就是为什么他们要“解决移情”的原因。让病人的投射从医生身上脱离，对双方来说都是渴望的目标，如果成功的话，可以算作积极的结果。这是有实际可能性的，由于病人的不成熟或天性使然，或因为投射而引起的某些误解，或因为理性及简单的常识需要，被投射的无意识内容之持续性转化会达到一个无望的静止点。与此同时，一个从外而来的机会呈现出来，让投射能够切换到另一个客体那里。这种解决方案的价值，就如同说服一个人不要出家，不要进行危险的远征，或不要缔结一桩人人都认为愚蠢的婚姻一样。理性的价值如何高估也不为过，但是有些时候我们必须问问自己：我们真的对个人的命运知道得足够多，可以让我们在任何情况下都给出好的建议吗？当然了，我们必须根据自己的最佳信念行事，但是我们真的如此确定，我们确信的东西对另一个人就是最好的吗？我们经常不知道什么是对我们自己最好的，而在之后的岁月中，我们也许会从心底感谢上帝，他那仁慈的手护佑我们免受之前计划的“非理性”的损害。事后批评者很容易说：

“啊，但那不是正确的理由。”但是谁又能够确定无疑地知道，他具有正确的理由呢？而且，对于真正的生活艺术而言，有时，不顾所有的理性和适应性，在可能的氛围中包含非理性和非适应性，这不也是必不可少的吗？

463 因此，要是我们发现，有些案例虽竭尽全力也未呈现出解决移情的可能性，这也不足为奇，即使病人（从理性的观点来看）具备了必要的理解力，并且他和医生都没有任何可谴责的技术疏忽或过失。他们双方也许都被无意识的非理性深刻影响，故得出结论：最佳办法就是快刀斩乱麻。但是对这种连体进行外科分离手术是危险的。也许有可能成功，但以我的经验看来，这是很罕见的。我完全赞成保守地解决这个问题。如果真的无法考虑任何其他可能的方案，而无意识明显地坚持保留联结，那么治疗必须抱着希望坚持下去。也许割断联系会在之后的阶段发生，但它也可能是一种心理“怀孕”，必须带着耐心等待其自然结果，或者它再次成为这样的恶性事故——在其中无论对错，我们要么自己把这些事扛到自己肩上，要么力图避免它们。医生知道，人无论走到哪里，总是受到命运的牵引。即便是最简单的疾病也可能发展出让人吃惊的并发症，或者，同样出乎意料的是，看起来非常危重的病情也许也会好转。医生的技艺有时有用，有时无用。尤其是在我们知之甚少的心理学领域，我们经常会在非常事件上栽跟头，这些非常事件莫名其妙，让我们摸不着头脑。万物不可强求，任何强求之力貌似成功，事后通常都会让人后悔不迭。对一个人的知识和能力的局限性我们最好总是心存觉知。一个人首先需要的是宽容和忍耐，因为很多时候“时间”比技艺更有效。不是所有东西都可以被治愈的，也不是所有东西都必须被治愈。有些时候黑暗的道德难题或无可解释的命运之旋风，会潜藏于神经症的斗篷之下。有个病人多年来罹患抑郁，并对巴黎有莫名的恐惧。她设法摆脱了自己的抑郁，但是恐惧症的治愈还遥不可及。然而，她感觉如此之好，乃至决定无视其恐惧，冒险去巴黎。她成功抵达了巴黎，但是第二天就命丧车祸。另一个病人有特殊的、持久的对台阶的恐惧。有一天他卷入街头暴乱中，有人开枪了。他发现自己站在一幢公共建筑前，这幢建筑有一段宽阔的台阶。虽然他很害怕，但还是冲了上去，想躲进建筑里，结果摔倒在台阶上，被流弹击中，受到致命伤害。

464 这些例子表明精神症状的判断需要极其小心。对移情的各种形式和内容的判断也是一样。它们有时会给医生带来几乎无法解决的难题，或者造成各种各样的烦恼，这些烦恼可能会达到他所能忍耐的极限，甚至超过这个极限。特别是当他有明显的道德人格，并且严肃对待其心理治疗工作时。这可能会导致道德冲突和责任冲突，这些冲突无论表面或是深层，仅因无法解决就足以造成不幸了。在长期经验的基础上，我想警告大家的是，不要抱太大的治疗热情。心理工作充满了磕磕绊绊，正是在此处不胜任感蜂拥而至。医疗人员很大程度上要对此负责，因为多年来，他们拒绝接受“精神”是病变的病因之一，即便找不到其他病因时也是如此。无知当然永不可取，但通常最好的知识也还是不够好的。因而我要对心理治疗师说：每一天都要谦逊地记住，每件事情都是有待学习的。

465 读者们不要想象，心理学家只是坐在那里，向别人解释什么是“高级性交”，或者“化合”，或者“精神怀孕”，甚或是“灵魂之子”。如果是刚入门的新手，或者某人愤世嫉俗的自我，对这些他以为的伪科学概念感觉恶心，并带着同情的微笑和无礼的聪明显摆把它们撇在一边，我们也不用感到恼怒。执着寻求真理、除真理外别无所求、毫无偏见的科学探寻者必须警惕，不要做出粗率的判断和解释。因为这里他面对的是心理学事实，这些事实无法通过智能证伪或者凭空想象出来。在病人中，会有些聪明的、有辨别力的人，他们能够和医生一样，给出最轻蔑的解释，但是在面对这些危急事件时，解释这一武器却无济于事。“胡说”这一类的话运用在驱逐小事之时可获成功，然而却无法驱散那些在夜深人静时蛮横地扎入你心中的事情。从无意识中涌现的意象正是如此。我们选择称之为事实的东西并不能对这个议题产生影响。如果是一种疾病，那必须根据它的性质来治疗。医生可以自我安慰并反思，自己就像其他同行一样，不仅有可以治愈的病人，也有慢性病患，对后者来说，治疗就变成了看护。无论如何，经验资料并没有给我们任何充分的支持，去证明一直讨论“疾病”是有效的。相反，我们开始意识到，这是一个道德问题，人们常常需要一个牧师，这个牧师不是做忏悔和皈依，而只是聆听、服从，并把这件奇异之事摆到上帝面前，让他做决定。

466 在此工作中，绝对需要“耐心和时间”。一个人必须有耐心来等待事件的发生。在此期间，有大量的工作可做——仔细分析梦和其他无意识内容。医生犯错之时，病人也会犯错。这就是为什么医生需要对这些东西具有真正的知识，而不仅是拥有观点——那些路人皆知的现代哲学垃圾。为了扩充这类非常必要的知识，我把我的研究回溯到较早的时代，那时幼稚的内省和投射仍然起作用，它们能反映出我们今天已然阻断的精神领域。以这种方式，我从自己的实践中学到了很多，尤其是在理解所讨论内容的强大魅力方面。这些内容也许并不总是会让病人感到有特殊吸引力，相反他会受苦于相应的强烈的强迫性连接，并在那些无意识意象力量中再次发现此连接的强度。而且，他会试图根据其时代精神，理性地解释这种连接，因此不会察觉也不愿承认其移情的非理性基础，即原型意象。

（六）

死　亡

此地国王和王后躺着已死/

在巨大的悲痛中，灵魂已逝。（图6）

467　“密义瓶”、喷泉和大海，此时都变成了石棺和坟墓。国王和王后死后化合为双头的单一存在。生命的盛宴之后便是葬礼的哀歌。正如加布里库斯在和他妹妹结合之后死亡，以及儿子一情人总是在和母亲一女神的“神圣婚姻”后就早死一样，同样地，在“对立体化合”（coniunctio oppositorum）后，死亡般的寂静具有了统治地位。当对立面结合后，所有的能量消失了：不再有能量流。瀑布在那充满刺激的欢乐和渴望的洪流中沉没了，只剩下一个停滞的水池，没有浪花也没有水流。至少从外表看起来如此。正如传说告诉我们的，这幅图

PHILOSOPHORVM.

CONCEPTIO SEV PVTRE
factio

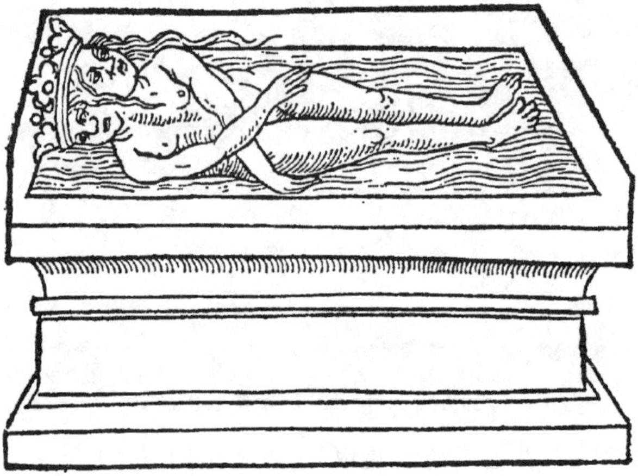

Hye ligen könig vnd königin dot/
Die sele scheydt sich mit grosser not.

ARISTOTELES REX ET
Philosophus.

NVnquam vidi aliquod animatum crescere sine putrefactione, nisi autem fiat putridum inuanum erit opus alchimicum.

图6

画代表着“腐烂”(putrefactio),曾经鲜活生物之腐败、朽烂。然而,这幅图片也被起名为“怀孕”(Conceptio),有文本说:“一物之腐败是另一物之诞生”(Corruptio unius generatio est alterius)[1]——腐败的事物也孕育着下一代。这表明这种死亡是一个过渡阶段,随之而来的是新的生命。炼金术士说,没有新生命的出现是不伴随着旧生命的死亡的。他们把这种技艺比喻为播种者的工作:播种者把种子放到泥土里,种子死亡,为的是唤醒新生命。[2]于是随着“死亡”(mortificatio)、“谋杀”(interfectio)、“腐烂”(putrefactio)、“燃烧”(combustio)、“焚化”(incineratio)、“焚烧”(calcinatio)等过程,它们在模仿自然的工作。类似地,炼金术士也把他们的劳动与人类的必死性相提并论,没有这种必死性就不可能获得新的、永恒的生命。[3]

468 盛宴后留下的尸体已经是一具新的身体,一个“赫马佛洛狄忒斯”(hermaphroditus),即赫尔墨斯和阿佛洛狄忒的复合体。因此,在炼金术插图中,一半身体是男性的,另一半是女性的(在《哲

---

1 Avicenna, 2, x, p.426.

2 Cf. *Aurora*, I, 12 Ch. XII (after John 12: 24). Hortulanus (Ruska, *Tabula*, 149, p.186):“它(石头)也被称为小麦种子,它保持自身为独一,直到它死亡。”同样令人不快的是另一种广泛流传的比喻:“我们有一个鸡蛋的例子:鸡蛋必须首先腐化,然后小鸡生出来,一个鲜活的东西产生于整体的腐烂。”(*Rosarium*, 2, xiii, p.255)

3 Cf. Ruska, *Turba*, 150, p.139:“但是,教法之子,此物需要火,直到其身体的灵魂被改变,通过黑夜被送走,就像墓穴中的人,变成灰尘。在这发生之后,上帝会把它的灵魂和灵性还给它,并且去除了所有虚弱质量,此物得到了强化……就像人在复活之后变得更强壮一样。”

学玫瑰园》里左半边是女性的[1])。因为赫马佛洛狄忒斯原来就是长期追寻的“雌雄同体”或“哲人石”。它象征着那个尚未诞生的神秘存在，此“伟业”就是为了这个神秘存在而创作的。但是这幅“伟业”还没有达到它的目标，因为“哲人石”还没有被启动。后者被认为是像动物一样的一种鲜活存在，具有身体、灵魂和灵性。据说两人一起代表着身体和灵性的死亡，而灵魂（显然只有一个灵魂）[2]在巨大的悲伤中[3]离开他们。虽然各种其他的意义在此也起作用，但是一个人挥之不去的印象是，死亡是一种对乱伦原罪的默认惩罚，因为“乱伦的代价是死亡”。[4]这可以解释灵魂的“巨大痛苦”，以及我们在图片的变体中[5]提到的黑暗（这里日神变黑了）。[6]正如随后变得必要的“清洗”（ablutio）所证实的，这种黑暗是“不洁”（immunditia）。“化合”是乱伦性的，

1 2, xiii, p.291.

2 Cf. Senior, 164, p.16：“……已经交付给死亡的，在巨大的苦难后生命再次回转。”

3 Cf. par.451, n.7.

4 对炼金术士来说，在Gen.2：17先例：“从你饮食那日起，你就必然死亡。”亚当的原罪是创世场景的一个部分。“当亚当犯原罪时，他的灵魂就死了”，格雷戈瑞大帝说。（58, Epist. CXIV）

5 *Rosarium*, 2, xiii, p.324.

6 这里的黑化不是作为起始状态，而是之前过程的产物。在炼金工作中，各阶段的时间顺序是非常不确定的。在自性化过程中，我们看到了同样的不确定性，故而典型的阶段顺序只能用非常概括性的术语来建构。这种“无序（障碍）”的原因可能是无意识的“无时间性”。在无意识中，意识的连续性变成了同步性，这种现象我已把它称为“共时性”。从另一个角度来看，我们可以有理由说“无意识时间的弹性”和同样真实的“空间的弹性”对比。有关心理学和原子物理学的关系，参见Meier, *Moderne Physik*, 115。

从而是原罪，留下了很多污染。在和“黑暗”——冥王及坟墓的黑暗，更不用说地狱的黑暗——的化合中，黑化总是会出现。于是，随着婚姻沐浴而触底的，是这对夫妻要被引导进入死亡、黑暗和原罪。然而，对术者来说，事物中有希望的那一面在所期待的雌雄同体人的外表中显示出来，尽管其心理意义在一开始是模糊的。

469 图片中所描述的情境是一种圣灰星期三（Ash Wednesday）。审判已经呈现出来，黑色的深渊张开大口。死亡意味着意识的灭绝，以及在意识能及范围内精神生活的完全停滞。如此灾难性的极致结局，在许多地方已经成为年度哀悼的对象［如，对利诺斯（Linus）、坦木兹（Tammuz）[1]和阿多尼斯（Adonis）[2]的哀歌］。它们肯定对应着一个重要的原型，因为即便今天，我们还是有耶稣受难节（Good Friday）。原型总是代表着某种典型事件。正如我们已经看到的，在化合中，存在着两个人物形象的联合，它们中一个代表着白日的原则，即清明意识；另一个代表着黑夜之光，即无意识。因为后者不能被直接看到，所以总是被投射，这是由于原型不像阴影一样属于自我，而是

1 《以西结书》8：14：“……谁知，在那里有妇女坐着，为坦木兹哭泣。”

2 利诺斯是著名的音乐家和歌手，曾教导赫拉克勒斯音乐，后来因指责赫拉克勒斯懒惰而被后者一怒之下失手打死。坦木兹是巴比伦人的春神，主管植物。巴比伦人认为，坦木兹每年都要死亡一次，植物随之枯萎。因此，每当植物枯萎之时，其信徒都会为坦木兹哭泣，以期通过哭声将之唤醒。阿多尼斯是植物和美之神，容貌绝美，每年死而复生，永远年轻容颜不老，受到女性崇拜。——中译注

集体性的。由于这个原因，它会让人感到是某种异于我们自己的东西，我们会怀疑它属于某个特殊的、和我们有情感联结纽带的人。另外，男人的无意识有一种女性特质，它藏在他的女性化的一面中，而男人自然无法在自己身上看到这一面，却会在他迷恋的女人身上看到这一面。也许这是灵魂（阿尼玛）之所以是女性的原因。因此，如果男人和女人被化合进入某种无意识身份认同，男人就会掌控女人的阿尼姆斯特征，女人也会掌控男人的阿尼玛特征。虽然无论是阿尼玛还是阿尼姆斯都不能在没有意识人格干预的情况下聚集，但是这并不意味着由此产生的情境只是一种个人关系和个人缠结。其个人层面是一个事实，但不是主要的事实。主要事实是对于情境的主观体验——换句话说，认为一个人与其伴侣的个人交往方式起着最重要的作用是错误的。恰恰相反：最重要之处在于男人与阿尼玛，以及女人与阿尼姆斯的关系。化合也不会和个人的伴侣发生；它是一个王道游戏（royal game），游弋于女人积极的男性面（阿尼姆斯）和男人被动的女性面（阿尼玛）之间。虽然这两种形象总是诱惑自我去认同它们，但是对此真正的理解，即便是在个人层面上的，也只是在这种认同被拒绝时才可能发生。不认同需要相当大的道德努力，而且只有在不被用作托词以逃避必要程度的个人理解时，它才是合情合理的。另一方面，如果我们带着过于个人化的心理学观点来处理此任务，我们就不能公正地对待这样一个事实——

我们正在处理原型，它绝对不是个人化的。相反，它是一个在范围和发生率方面如此普遍的先验事件，以致要建议大家少用“我的阿尼玛”或“我的阿尼姆斯”这样的表达，而更多地用“阿尼玛”和“阿尼姆斯”。作为原型，这些形象具有半集体和非个人的特性，所以当我们认同它们，天真地想象我们找到了“真我”时，我们实际上已经最大限度地疏远了自己，最像普通的智人。在王道游戏中的个人领导者应该铭记于心的是，从根本上来说，它代表的是原型形象的“跨主体”(trans-subjective)联合，而且永远不该忘记的是，它是一种象征的关系，其目标是完全的自性化。在我们的系列图谱中，这个理念是通过花朵来传递的。于是，当伟业以玫瑰或车轮的形式介入，无意识和纯粹的个人关系变成了一种心理问题，虽然它能防止沉入完全的黑暗中，但是无论如何也无法抵消原型的作用力量。正确之路，就像错误之路一样，必须付出代价，无论炼金术士如何赞美“尊贵自然”，在任何情况下它都是“对抗自然的伟业”(opus contra naturam)。它对抗自然实施乱伦，并且对抗自然不屈从于一种激情的欲望。然而，这种对抗正是自然在我们心中激发起的态度，缘于血亲力比多。所以正如伪德谟克利特所言：“自然喜欢自然，自然征服自然，自然统治自然。”[1]人的本能根本不是和谐设定的，它们总是彼此冲撞、

1 Berthelot，28，II，i，3.

相互排挤。古代人有足够的乐观，可以把这种斗争不看作是一团乱麻，而看作是走向某个高级秩序的奋争。

470 故而，和阿尼玛、阿尼姆斯的相遇意味着冲突，并让我们面临自然本身给我们带来的艰难困境。无论一个人采取的是什么进程，自然都会被克制，而且必须受到损害，甚至到死亡的地步：纯粹的自然人在他的一生中在某种程度上必须死亡。故十字架上的耶稣基督象征的是一种原型，是“永恒”的真理。有一些中世纪的图片显示，耶稣基督是如何被自己的美德钉到十字架上的。其他人在他们的恶习中面临同样的命运。那些走在寻找整体性之路上的人，都无法逃脱这种典型的、十字架所代表的“悬挂”。因为他会绝对无误地跑进让他受挫并“穿越”(cross)[1]他的事物中：首先，是他想成为的东西(阴影)；其次，是他所不是的东西(“他人”，“你”的个体现实性)；最后，是他的精神性非自我(集体无意识)。我们这种目标的交叉存在状态，是通过国王和王后手持的交叉枝条得到暗示的，它们是男人以阿尼玛形式出现的十字交叉和女人以阿尼姆斯形式出现的十字交叉。和集体无意识的相遇是一种宿命，自然人对此几乎一无所知，直到这种命运降临到他身上。正如浮士德所说：“你只是意识到了一种冲动/愿你永远不会知道另一种！”

1 此处cross属双关语，也蕴含“十字架”的意义。——中译注

471 这个过程是整个“伟业”的根本，但是要开始和它工作是如此让人迷惑，所以炼金术士试图在一个更高的层面上形象地描述其中的冲突、死亡和重生：首先是在他的实践中以化学转化的形式，其次是在他的理论中以概念意象的形式。我推测同样的过程也潜伏在某些宗教作品中，因为基督教作品中的象征和炼金术间存在明显的对应之处。在心理治疗以及在神经症的心理学中，这个过程被认为是卓越的心理过程，因为它代表了移情神经症的内容。“心理伟业”（opus psychologicum）的至上目标是意识的实现，而第一步就是让一个人意识到迄今为止所投射的内容。这种努力逐渐导致对伴侣的认识和对自我的认识，进而能区分什么是一个人真正所是，什么是投射进入一个人内心的东西，或者什么是一个人想象他自己要成为的样子。与此同时，一个人如此专注于自己的努力，以致几乎意识不到，“自然”不仅仅是作为“驱动力”去作用，而且也是作为帮助者起作用——换句话说，本能在多大程度上坚持要达到更高的意识水平。这种要达到更高和更全面意识水平的冲动培育了文明和文化，但是除非人们能够自愿地把自己放置于此冲动的协助中，否则必然达不到其目标。炼金术士的观点是，“术者”是工作之仆，让工作取得成果的不是他而是自然。同时，“人”这一方面也必须有意愿以及能力，因为除非两者同时具备，否则这种冲动就只能停留在自然象征的水平上，除了朝向整体性的本能发生畸变，不能产出任何东西，如果要实现朝向整体性本能的目的，就需要整体的所有部分，包括那些被投射进入一个“你”的东西。本能在那里寻找它们，为的是重新创造王道配对(royal pair)，而人类中的每一员在他的整体性中都有这个配对，如那个“除了自己什么都不需要”的双性初人。每当这种朝向整体性的驱动力出现，它就开始以乱伦象征来伪装自己，因为，一个男人，除非他在自己身上找寻这种驱动力，否则就会在他的母亲、姐妹或女儿身上找到最亲近的女性对应成分。

472　纯粹的自然人在其无际的天真性中永远也不会认识到，随着投射的整合，人格被扩展得如此之大，以致正常的自我人格几乎消亡。换言之，如果个人把自己认同为有待整合的内容，就会导致正性或负性的膨胀。正性膨胀非常接近一种或多或少的意识的自大狂，负性膨胀感觉上就像自我的湮灭。这两种状况会交替出现。无论哪一种情况下，对内容的整合总是无意识的，被投射的，包括了自我的严重损害。炼金术通过死亡、毁损或中毒的象征来表达这一点，或者通过水肿这一奇异理念来表达。在《梅林之谜》(*Aenigma Merlini*)中水肿是通过国王想要喝过量的水来代表的。[1]他喝得太多，以至于身体

1　梅林乌斯(Merlinus)也许和魔术师梅林(Merlin)无关，就如阿图斯王(King Artus)和亚瑟王(King Arthur)无关一样。很有可能梅林乌斯是墨丘利乌斯的一种爱称，以及某位秘传哲学家的假名。阿图斯是荷鲁斯(古埃及太阳神)的希腊名。

都溶解了，必须经由亚历山大的医生才能被治好。[1]他遭受着无意识的过度折磨，变成解离状态，“以至于我所有的肢体都变得如同彼此分离一般”。[2]实际上，即便是炼金之母（Mother Alchemia），下肢也是水肿的。[3]在炼金术中，膨胀显然发展成了一种精神的水肿。[4]

473 炼金术士断言，死亡一刻也是“哲人之子”孕育之时，这是原人教义的一种特殊变形。[5]乱伦生育，是一种皇家特权或神圣特权，普通人是不允许享用此特权的。普通人是自然人，但是国王或英雄是“超自然”人，是“膨胀者”（pneumatikos），他被“水和灵魂洗礼”，即他产生“被祝福的水”，并由此而生。他是诺斯替的基督，在洗礼期间降临到人类耶稣身上，并在末日来临前再次离开他。这个“人子”是新的人，是国王和王后联合的产物——虽然这里他不是王后所生，但是王后和国王本身都转化进入这个新生中。[6]

474 转换成心理学语言，这个神话主题就是：意识心灵或自

---

1 Merlinus，2，ix：“但是国王喝了又喝，直到他的四肢都肿了，他所有的血管都鼓起来了。”

2 在*Tractatus aureus*（4，i，p.51）中，国王喝了“aqua pernigra”（黑暗之水），这里被描述成“pretiosa et sana”（清明至宝），用于力量和健康。他代表着新生，已经同化了“黑水”的自性，也就是无意识。在Apocalypse of Baruch（22）中，黑水象征着亚当的原罪，弥赛亚的来临，以及世界的终结。

3 *Aurora*，2，iii，p.196.

4 这里有警告：“担心浮肿和诺亚的洪水。”（Ripley，143，p.69）

5 Cf. *Psychology and Alchemy*，85，pars. 456f.

6 各种版本之一。

我—人格与人格化为阿尼玛的无意识相结合，产生了一种复合了两者的新人格——“曾经存在的两个人，现在变得就好像只有一个身体。”这个新人格并不是在意识和无意识之间的第三种东西，而是它们两者的联合。因为它超越了意识，它不再能被称为“自我”(ego)，而必须给予它“自性”(self)这个名称。这里必须提到印度人的“阿特曼”(atman)这个理念，其存在的个人和宇宙模式与“哲人之子”及心理学的“自性”概念是确切对应的。[1]自性同样也既是自我又是非自我，既是主观的又是客观的，既是个体的又是集体的。它是“联合的象征”，体现着完全的对立统一。[2]因此，根据其矛盾的本质，它只能通过象征的方式表达。这些象征出现在梦中，在自发的幻想中，并且在病人的梦、素描和彩绘的曼荼罗中找到其视觉表达方式。故而，正确理解的自性，不是一种教条或理论，而是自然自身运作机制产生的一种意象，是一种自然的象征，远离所有意识的企图。我必须强调这个事实，因为某些论者仍然相信无意识现象可以被“纯粹”地一笔勾销。但无意识现象是观察到的事实，正如每个知道如何处理这种情况的医生都了解的。自性的整合是一个根本的问题，它在人生的后半生出现。梦象征具有曼荼罗的所有特性，它

1　这里仅仅是指心理学的对应，而不是形而上学的对应。

2　Cf. *Psychological Types*, 84, Part I, pars. 405f.(1946 edn.: pp.320f.)

们可能会在内心还没有发展出当下问题之前很久就显现出来。这类孤立事件很容易被忽略，因此我所描述的现象似乎是罕见的奇怪现象。实际上根本不是如此，在自性化过程成为意识审查对象的时候，它们就会出现，或者正如在精神病现象中那样，也会在集体无意识用原型形象充满意识心灵之时出现。

（七）

灵魂飞升

这里四大元素分解／

正如从无生命的尸体中，灵魂飞升。（图 7）

475 这张图画让“腐烂”进一步发展。从腐朽之中，灵魂上升到了天堂。只有一个灵魂从两人那里分离出来，因为两人实际上已经变成一个人。这就引出了灵魂作为纽带（vinculum）或羁绊（ligamentum）的本质：它是一种关系的功能。正如在真实死亡中一样，灵魂离开躯体，回到它天堂的源头去。由“二”而成的“太一”（The One）代表着双方的蜕变，尽管它还没有得到充分发展，仍然只是在“受孕”之中。然而，和通常意义上的受孕不同，灵魂没有下降来赋予躯体生命，而是离开身体，向着天空上升。“灵魂”显然代表着联合统一的理念，这还没有变

ROSARIVM

ANIMÆ EXTRACTIO VEL

imprægnatio.

Hye teylen ſich die vier element/

Aus dem leyb ſcheydt ſich die ſele behendt.

De

图7

成一个具体的事实，目前只是一种潜在可能性。整体性理念由“男方”和“女方”组成，而且和“圆球形天空”有关联。[1]

476 这幅图画心理上对应着无方向感的黑暗状态。元素的分解提示着解离和现存意识自我的崩解。这类似精神分裂样状态，故应该认真对待，因为这个时刻是潜在的精神病有可能急性发作的时刻，也就是说，是病人意识到集体无意识和精神性非自我的时刻。意识的崩解和无方向也许会持续一段较长时间，而且这是分析师必须要处理的最困难的过渡，它要求医患双方有最大限度的耐心、勇气和虔信。这是一种迹象，表明病人被驱使着东奔西走而没有任何方向感。从最真实的意义上说，他处于一种完全无灵魂的状态，暴露于自体爱欲的情感和幻想的全然驱动之中。关于这种死寂黑暗的状态，一位炼金术士说：“这是个伟大的象征，对它的探寻让不少人丧生。”[2]

477 这种危急状态下，意识心灵随时都容易被无意识淹没，和原始人常见的“失魂”类似。它是一种突然的“精神水平的降低”，一种意识紧张状态的松弛，原始人特别容易如此，因为他的意识仍然相对较弱，而要维持意识紧张度对他来说需要较多努力。因此，他缺乏意志力，无法专注，而且在精神上很容易疲劳，这在我和原始人的会谈中已经充分领教了。在东方广泛

1 *Tractatus aureus*, 4, i, p.47.

2 这位炼金术士的出处我也不清楚，其在《哲学玫瑰园》(*Rosarium*, 2, xiii, p.264) 中作为“Sorin”出现。

传播的禅修和瑜伽，是一种为了放松之目的而刻意诱导的类似精神水平降低的状态，一种释放灵魂的技术。[1]有些病人，我甚至能够确定，在极端精神错乱的时刻存在着主观体验到的升空感。[2]病人们躺在床上的时候，会感到自己在离身体几英尺高的空中水平飘浮。这让人想起被称为“巫者出神”（witch's trance）的现象，以及很多圣者报告的超精神性悬浮感。

478 在图画中，尸体是过去的残余，代表着已死之人，一个注定要腐烂的人。这些折磨构成了炼金术士程序的一部分，属于“重复死亡”（iterum mori）这个阶段。“切开肢体，把它们分割成越来越小的碎片，让各个部分败坏，把它们变成‘石头’中的本质”——正如《哲学玫瑰园》所说，引自赫尔墨斯。这个篇章继续说：“你必须警惕位于神秘物质之中的水和火，并用永恒之水包容这些水，即便这不是水，而是真实的水的炽热形式。”[3]因为珍贵的物质——灵魂，正处于从冒泡的溶液中逃离之危险中。这种珍贵的物质是水和火的矛盾组合，即墨丘利——即将逃跑的“奴隶或雄鹿”（servus or cervus fugitivus），或者换句话说，他拒绝整合（进入意识）。他必须被“水”包容，其矛盾本

1 东方各种禅修和瑜伽技术各有其不同用处，不可一言以概之。仅以佛教的理念而言，某些入定的技术可能会出现类似“释放灵魂”的效应，但是一般来说，这被认为是不利于修行的副作用。而修慧的技术，如内观、不二禅观等等，恰恰是在提高精神活动水平前提下整合意识与无意识。——中译注

2 在Meier, *Spontanmanifestationen*, 116，p.290中，有一个类似的案例。

3 2，xiii，p.264.

性和墨丘利的本性相应，实际上是在他自身内包容他自己。这里我们似乎有一个关于治疗的线索：在病人失去方向感时，医生必须坚持自己的方向，也就是说，他必须知道病人的情况意味着什么，他必须理解梦的价值是什么，此外他还需要借助"教法之水"(aqua doctrinae)来这样做，教法之水本身对于无意识的本性来说也是适合的。换句话说，他必须带着能够抓住无意识象征的观念和想法来完成他的任务。理智或假定科学的理论对于无意识的本性来说是不够的，因为它们使用的术语和无意识意味深长的象征没有丝毫关联。通过"真水的火之形式"(forma ignea verae aquae)，各种水必须被聚合到一起，并且由一种水紧紧连接。因而，使其成为可能的方法必然是灵活的、象征性的，本身就是个人体验无意识内容的产物。它不应该在抽象理智主义的方向上偏离太远，因此我们最好保持在传统神话的框架内。它已经被证明足够全面，适用于所有实践目标。这并不排除理论建构需求的满足，但是这些建议应该只用于医生的个人实践。

479 治疗的目标在于增强意识心灵，故无论何时只要有可能，我都会力图唤醒病人的精神活动，让他能够用自己的理解去征服内心的"混沌"，这样他才能达到一个"超脱于纷争之上"(audessus de la mêlée)的有利位置。[1]通过这种工作，就不会有

1 请谨记心理学的每一种命题都会随情势而逆转，我要指出的是，当意识心灵在一开始就非常强大，乃至粗暴地压制无意识时，增强意识心灵就会是一桩糟糕的事情。

人陷入丧失已有心智的危险，尽管会有些人直到此时才知道其心智起何作用。在这种情况下，理解力就起到救生圈的作用。它整合起无意识，并且逐渐地形成一个更高的观念，这个观念既代表意识，又代表无意识。无意识的入侵被证明就像是尼罗河的洪水，会提高土壤肥力。《哲学玫瑰园》中对此的赞颂便有此番意味："噢，神圣的自然，神圣的工作，你通过真正的腐烂，黑暗黑色的腐烂，让不完美变得完美。然后你让新的万物生长，让万紫千红葱茏绽放。"[1]何以这种黑暗状态值得赞颂，不是一眼即可辨明的，因为"黑化"一般来说都被看作是阴沉的，那忧郁的心情指向死亡和坟墓。但中世纪炼金术与那个时代的神秘主义有关，或者说它本身就是神秘主义的一种形式。这也让我们可以将其与圣十字若望（St. John of the Cross）关于"黑夜"之"黑化"[2]的描写联系在一起。作者构想灵魂的"灵性之夜"是一种至高的积极状态，在其中不可见的，从而是黑暗的上帝之光会穿透并净化灵魂。

480 炼金瓶中颜色的出现，也就是所谓的"孔雀之尾"（cauda pavonis），表示着春天，生命的重生——"黑暗后的光芒"（post tenebras lux）。文中继续写道："黑暗被称为土。"使太阳溺毙其中的墨丘利是一种土性之灵，正如炼金术士所言，是一个

---

1 2, xiii, p.265.

2 *The Dark Night of the Soul*, 78.

“土地之神”（Deus terrenus）[1]，或者是“天主智慧”，它在创造生物的过程中呈现在身体和物质中。无意识是冥界自然的灵魂，包含着天主智慧中的原型意象。但是现代文明人的理智在意识的世界中已迷失太远，以致当它回头突然看见自己的母亲大地时，感受到猛烈震动。

481 在我们的图画中，灵魂被描绘为一个小人，这一事实表明，他即将成为“国王之子”，一个不可分割的、雌雄同体的“初人”，“原人”。起初，他落入“大自然”的掌控，现在又复活了，从肉身的牢笼中解放出来。他是“下层力量”的本质，正如巴西里德斯（Basilides）[2]教义中的“第三起源”（third filiation），他一直从深处挣扎向上[3]，不是要留在天堂，而是要作为一种疗愈性力量再现于地球，作为不朽和完美的代言人，作为中介者和拯救者。这与基督教的基督再临理念之联系是明白无误的。

482 对这一过程的心理学解释导致了进入内在体验的领域，无论我们多么公正甚至无情，这些领域都是我们无法用科学描述的。在这一点上，虽然它不合乎科学头脑的口味，但是神秘

---

1 Ventura，5，ix，p.260.在金子中有“某种神圣的本性”（*Tractatus Aristotelis*，5，xvi，p.892）。“自然是每种事物中固有的力量……上帝是自然，自然是上帝，从上帝那诞生出某种非常接近他的东西。”（Penotus，5，vii，p.153）上帝处于金子之中（Maier，112，p.16）。

2 古埃及哲学家，创建了诺斯替的一个教派。——中译注

3 Hippolytus，67，VII，26，10.

理念还是会把自己强加于探寻者的头脑中，不是作为无知的外衣，而是作为对自己能力不足的一种承认，承认自己无法把自己所知的转译为理智的日常语言。因此，我必须满足于简单地提一下在这个阶段体验到的原型，也就是“圣婴”的诞生，或者用神秘的语言来说：“内在之人”的诞生。[1]

---

1 Angelus Silesius, 13, Book IV, p.194：“上帝最喜爱的工作，最想要完成的工作/就是：在你之中他能生出他的儿子。” Book II, p.103：“在此上帝轻柔地把他的灵性交托于你/灵性出生之时内含长青之子。”

(八)

净　化

天堂之露降于此，洗涤我，这墓中污染之黑色之躯（图8）

483　降下的露水预示着即将来临的"神圣诞生"。"基甸之露"（Ros Gedeonis）[1]是"永恒之水"的同义词，这里是指墨丘利。[2]《哲学玫瑰园》中一段引自西尼尔的文字如此说："玛利亚再次说，'但是我所说之水，是国王从天堂而降，而大地之湿气吸收了它，天堂之水和大地之水交融，大地之水荣耀了带有劣性和沙子的水，水与水结合，水紧紧抓住水，Alkia因Astuam被白化'。"[3]

1　Cf. Judges 6：36ff.

2　Cf. *The Spirit Mercurius*, 89, pars. 89f.（1948 Swiss edn., pp.90f.）

3　2, xiii, pp.275f. Cf. Senior, 164, pp.17—18. 阿拉伯文本中"Astua"（转第150页）

PHILOSOPHORVM

ABLVTIO VEL
Mundificatio

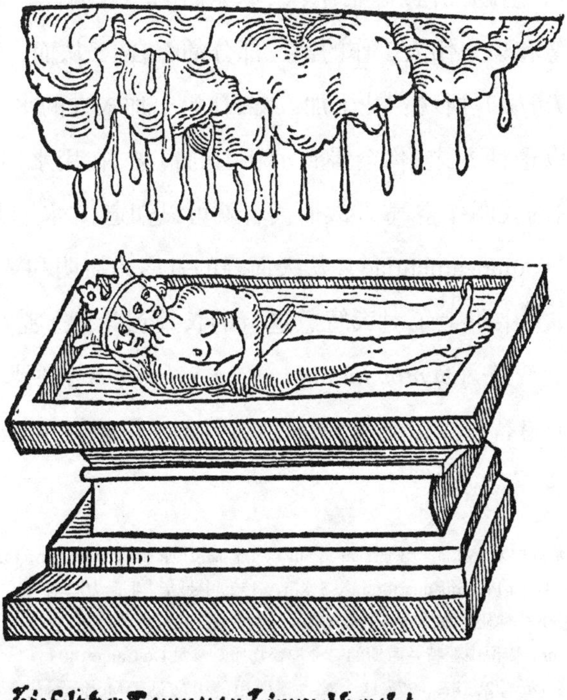

Hie felt der Tauw von Himmel herab/
Vnnd wascht den schwartzen leyb im grab ab.

K iij

图8

484 白化(albedo或dealbatio)和"太阳升起"(ortus solis)有关联,它是跟随着黑暗的光亮和照耀。赫尔墨斯说:"Azoth和火清洗了拉托(lato),移除了黑暗。"[1]墨丘利的灵性以其天堂的形式降临,作为"天主智慧"及圣灵之火,来净化黑暗。文中继续说:"白化拉托并撕碎书籍,以免你们的心被撕碎。[2]因为这是对智慧和整个伟大工作的第三部分的综合。[3]从而,正如《哲人集》(*Turba*)[4]所说:"让干加入湿,让黑土加入它的水,并煮到白化。以这种方式,你会得到水和土的精华,在用水白化土之后,那白的就叫作空气。"故而读者就可以知道,"水"就是"智慧之水"(aqua sapientiae),从天而降的甘露是启明和智慧的神圣礼物,文中附上了对大智慧进行的长篇讨论,题名为《所罗门的第七智慧》(*Septimum Sapientiae Salomonis*):"所罗门指示世人如何将智慧当作光明,又将智慧置于一切美貌和财富之上,

---

(接第148页)也以"Alkia"出现;"al-kiyān"="生命力原则"(Stapleton,153,p.152)。"Alkia"在"Liber Platonis quartorum"(5,xiii,p.152)中是指"生命力原则"或"力比多"。

1 Azoth是神秘的物质(cf. Senior,164,p.95)。拉托是黑色物质,混合了铜、镉和山铜(orichalcum,传说中亚特兰蒂斯的一种神秘物质。参见Du Cange,40)。

2 *Rosarium*,2,xiii,p.277.这个被再三引用的引文见于Morienus的著作(2,xii,pp.7ff.),看起来是于12世纪从阿拉伯语翻译过来的。Morienus认为此文是已被遗忘的作者Elbo Interfector所写。它可能有很早的起源,但是应该不会早于8世纪。

3 参见*Tabula smaragdina*:"从而我被称为赫尔墨斯,具有整个世界哲学的三个部分。"

4 《哲人集》是一本阿拉伯语经典,在11到12世纪被翻译为拉丁语,在《哲学玫瑰园》中《哲人集》的引文来自Zosimos,2,iv,pp.284f。Ruska,150,p.158中的相应描写如下:"从而让干和湿,也就是土和水混合,用火和风煮它们,灵性和灵魂就被干燥。"

并认为珍贵的宝石也无法与之相提并论。因为金子与之相比不过是沙；银子与之相比不过是土。所以得到此石，胜过得到纯净的金银。智慧之果比世上一切的财物更宝贵，世上一切可喜之物都不足与之比较。长寿和健康在它的右手边，名望和财富在它的左手边。它的道路是坦荡的，是可称颂的，是不可藐视的；它的道路是仔细斟酌、从容不迫的[1]，但是与顽强坚持、日积月累的艰苦工作紧密相连。生命之树是所有掌握它的人的智慧或科学之神，是永恒的光。凡明白这智慧的，就有福了。因为神的智慧永远不会消亡，正如阿尔费迪乌斯（Alphidius）所证，故有其言：'凡得着这智慧的，就必为其恒久之佳肴。'"[2]

485 在这种联系中，我想要指出的是，水是智慧和精神的象征，这可以追溯到基督在井边告诉撒玛利亚妇人的话。[3]这个比喻的运用可见于库萨的枢机主教尼古拉斯的一次布道，他和我们的炼金术士是同时代之人："雅各布井里的水即人类聪明才智的发现。哲学是它的名字，通过对感官世界的艰苦探索而发现。但在基督人性的生命之泉的深处，有神的话语，有一眼泉水来唤醒精神。于是，在这里我们有了雅各布的感官之井、

1 对此可参考Morienus的说法（2，xii，p.21）："……所有的匆忙都是来自魔鬼。"于是《哲学玫瑰园》说（p.352）："于是，没有耐心的人，要让他从工作中撤手，因为如果他匆忙，轻信会让人陷入困境。"

2 *Rosarium*，2，xiii，p.277. Cf. "Aurora consurgens"，I，12，Ch. I.

3 John 4：13—14："凡喝这水的，还要再渴；人若喝我所赐的水，就永远不渴。我所赐的水要在他之中成为泉源，直涌到永生。"

理性之井和智慧之井。这第一口井是动物本性且井很深，父亲和他的孩子以及牲口要从这口井中饮水。第二口井更深，在自然的边缘，只有人类的子孙喝到了水，也就是那些理性已经觉醒，我们称之为哲学家的人。第三口井是最深的井，至高者之子喝到了水，我们称他们为神和真正的神学家。基督在其人性中可以被称为最深的井……在这个智慧源泉的最深之井中，它带来了福佑和永生……生命之井诞生了它自己生命的源泉，它唤起对拯救之水的干渴，而拯救之水可以用治愈智慧之水更新。”同一布道的另外一段说：“凡喝灵性的，就是喝泉源之水。”最后，尼古拉斯说：“请记住，我们被赋予理性时就被赋予了一颗精神种子的力量，它包含着一个泉涌原则，通过这个原则，它自身产生了理解之水。而这口泉水只能产出类似性质之水，别无他物，也就是人类理解之水，正如对‘万物非此即彼’之原则的理解产生了形而上学之水一样，从此形而上学之水的另一科学支流奔腾不息。”[1]

486 这里终究无可怀疑的是，黑色的黑暗被“我们的科学”的“智慧之水”洗刷掉，“我们的科学”也就是上帝赐予的皇族技艺和其赋予的知识。正如我们所看到的，“净化”（mundificatio）意味着移走依附于仅仅是自然产物的多余之物，尤其是那些炼金术士发现的投射进入物质的象征性无意识内容。从而他

1 Cf. Koch, 100, pp.124, 132, 134.

也奉行了卡丹(Cardan)的规则,即解释工作的目标是把梦的材料还原到其最普遍的原则。[1]这是实验室工作者所说的"阿尼玛的提纯"(extractio animae),而在心理学中我们会称之为修通梦中所包含的意念。我们都知道这需要某个必要的前提或假设,需要某种特定的理智结构,通过它可以得到"感悟"(apperceptions)。对炼金术士来说,这样的前提已经在"教法之水"或者上帝激发的"智慧"中准备好了,而这种智慧他也可以通过对"书"(炼金术典籍)的勤奋研究获得。因此,这种对书的参考在工作的这个阶段是必须避免或摧毁的,"以免你的心被撕裂"。这个奇特的劝诫,从化学的观点来看完全无法解释,在这里却有着深奥的意义。赦免之水或"智慧之水"已经在教法或大师的教言中被确立为"圣灵之礼物",它能让哲学家理解"神奇工作"(miracula operis)。从而他可能禁不住会轻易地以为哲学知识就是最高之物,正如库萨鲁斯的引文所显示的。这种情况的心理等同于人们幻想,他们只要把无意识内容意识化,并进行理论评估,工作的目标就达到了。这两种情况下,把"灵性"仅仅定义为一桩思维和直觉的事情,这种态度都是武断的。的确,两门学科都是朝向"灵性"的目标:炼金术士承揽的任务是制造出一种新的、挥发性的(故是空中的或"灵性的")实体,这个实体具备"身体、阿尼玛和灵魂"。这

1 Cardan,32:"每一个梦都必须被约简至公分母。"

里的身体自然要被理解为“精妙身”或“气身”；分析师试图产生某种态度或心灵框架，故也是产生出某种“灵性”。但是因为身体，即便是被构想成“荣耀加身”（corpus glorificationis），也比阿尼玛和灵魂更加粗糙，“土的残余”必要执着于身体，尽管它是非常“精细”的残余。[1]故以一种对待无意识和人类同胞都力求公正的态度，是不可能仅仅依靠知识的，因为这种知识仅仅包含思考和直觉。它将缺乏感知价值的功能，即感受的功能，同样也缺乏感觉的功能（fonction du réel）——对现实的知觉性概念。[2]

487 因此，如果书籍和知识所给出的是排他性价值，那么人的情绪和感情生活就必然遭难。这就是为什么纯粹的理智态度必须被抛弃。“基甸之露”是神圣干预的象征，它是预示灵魂回归的润滑剂。

488 炼金术士们似乎已经察觉到了这种危险，即工作及其实现可能会被这些意识功能之一阻碍。因此，他们强调理论的重要性，即智力理解，而不是仅仅由化学实验组成的实践。我们可以说实践对应着纯粹感知，而这必须由“感悟”来补充。但是这个第二阶段仍然没有带来完全的认识。仍然缺乏的是“心”

1 “……石头应该被不断精炼，直至它到达精细的终极纯度，并最终变为挥发状态。”参见 *Rosarium*，2，xiii，p.351；或者（ibid.，p.285）：“升华由两部分组成：一部分是去除多余物，以让最纯的部分留下来，摆脱初级的残渣，并且拥有第五元素的质量。另一部分的升华，是把机体还原为灵性，也就是，有形的密度被转化为灵性的精细度。”

2 Cf. *Psychological Types*，84，part ii，defs.13，20，22，36.

或感受，它赋予我们所理解的任何事物一种恒久价值。故而书籍必须被“摧毁”，以免思考损害到感受，从而阻止了灵魂的回归。

489 这些困难对治疗师来说非常熟悉。经常发生的是，患者对于仅仅是记录一个梦或幻想就很满意，尤其是在他要求唯美主义的情况下。他甚至会和理性的理解抗争，因为理性的理解看起来是对他精神生活之现实性的冒犯。还有些患者试图只用大脑来理解，试图跳过纯粹实践的阶段。在理解后，他们认为自己已经完成了对事物应有的认识。他们认为也应该对那些陌生或者甚至是荒谬的无意识内容有一种感受—关系。理性理解和唯美主义都会制造出欺骗性的、不可靠的自由感和优越感。如果感受介入，这种自由和优越感就会崩溃。感受总是把一个人和象征内容的现实和意义紧紧连接，而这些又反过来把具有约束力的伦理行为标准强加于人，唯美主义和理智主义者正是准备从这些伦理标准中解放自己。

490 由于在炼金术时代几乎完全缺乏心理分化，故而，诸如此类的考虑仅仅在著作中暗示出来是不足为奇的。但是暗示线索的确存在，正如我们已经看到的。从那以后，功能的分化地位逐渐提升，结果就是它们越来越彼此隔离。相应地，对于现代心灵来说，是非常容易受阻于或此或彼的功能，而只能到达不完整的实现。几乎都没有必要补充说，随着时间的推移，这最终会导致神经症性解离。到此为止我们还缺乏对个体功能的进一步分化以及对无意识的进一步发现，从而代价就是心理困扰。各种功能不能完全实现，这解释了很多个人和当代情境中的困惑。这对心理治疗师来说是至关重要的事情，尤其是对那些仍然相信理性领悟和常规理解，或者仅仅是回忆，就足够影响到疗愈的治疗师来说。炼金术士们认为，“伟业”不仅仅要求的是实验室工作、阅读书籍、冥想和耐心，而且也要求“爱”。

491 如今我们会谈论“感受—价值”(feeling-values)，以及通过感受达到的实现。这让人经常会想起浮士德的粉碎体验，他受到“感受是一切”的启示，从极度乏味的传统实验室和哲学工作的“死气沉沉的惯例”中摆脱出来。在其中我们看到，现代人已经达到了在单一功能上建筑其世界的阶段，而对其成就他却没有丝毫自豪。中世纪的哲学家当然永远不会甘于接受这样的理念：他对感受的要求已经打开了一个新世界。那句有害的、病态的口号——“为艺术而艺术”(l'art pour l'art)会使他们觉得荒谬，因为当他们对自然本性之秘密进行观想时，知觉、创造力、思考、认知和感受对他们来说都是同一的。他们的心灵状态还没有分裂成很多不同的功能，以致每一个阶段的实现过程都会需要一个新的生活篇章。浮士德的故事显示出，我们的处境是多么不自然：它要求的是魔鬼的干预(如斯坦纳奇[1]的期望)让年老的炼金术士转化为年轻的花花公子，并让他忘记

1 尤金·斯坦纳奇(1861—1944)，奥地利生理学家，他通过给人类移植动物腺体，意图让人返老还童。——中译注

了他自己，为的是保存他刚刚发现的洋溢青春活力的情感。这恰恰就是现代人正在冒的风险：有朝一日醒来，他可能会发现自己已错过了半生。

492 实现并不是通过感受最终阶段而出现。虽然这并不属于本章的内容，但是在讨论过三阶段之后再提到第四阶段也并非不合时宜，尤其是因为它在炼金术中具有如此显著的象征意义。第四阶段是对哲人石的期待。第四阶段的意象性活动（直觉，没有它，实现就不可能完整）在这种期待中是明白直观的。这里所期待的是一种可能性，它的实现永远不可能由实验室经验来提供。在希腊炼金术中它被称为“此石非石”。直觉给出展望和领悟，它沉醉在魔幻可能性的花园中，把这些可能性当作是真实的。没有什么比哲人石更加充满直觉的了。这个楔石让工作圆满，进入个人整体性体验中。这种体验对我们这个时代来说是完全陌生的，尽管之前的时代从来没有哪个比现在更需要这种完整性。极其清楚的是，这就是我们时代精神疗愈艺术要面对的首要问题，因此我们现在准备松开我们僵化的“心理隔离”（psychologie à compartiments），装上几扇沟通之门。

493 在灵魂上升之后，躯体被留在身后的死亡的黑暗中，现在出现了一种物极必反（enantiodromia）：黑化让位于白化。由于对立面联合带来的黑暗或无意识状态到达了最低点，一个改变嵌入进来。降落的甘露预示着复苏和新的光芒：一度最深地沉入无意识却突然变成了来自上方的光明。因为，当灵魂在死亡阶段消解时，它并没有消失；在另一个世界，它成了和这个世界的死亡正好对立的一个活生生的事物。它从上方的重现，已经由露水样的润滑剂所提示。这种露水部分承载了精神的自然本性，因为“精神”（ψυχή）和“冷”（ψυχϱόζ）与“更新生机”（ψυχόω）紧密关联。而另一方面，露水是“永恒之水”和“智慧之水”的同义词。它反过来象征着通过意义实现的启明。之前对立面的联合带来了光明，正如通常一样是从黑暗而出的光明，但是通过这种光明有可能看到联合的真正意义是什么。

（九）

灵魂回归

这是从高处降落的灵魂／

为的是复活我们力图净化的尸体。（图9）

494 此处鸽子、调和者和灵魂从天而降，把生命吹入死亡的躯体中。在图片左侧底部的两只鸟代表着寓言中的带翅的和无翅的龙，它们以羽翼丰满和羽翼未丰的鸟的形式出现。[1]这是墨丘利双重本性的许多同义词之一，他既是地府的生灵，又是

1 Cf. Lambspringk's Symbols，4，iii，p.355："巢于林中被发现/其中赫尔墨斯得其鸟/一只总想飞走/另一只乐于待在巢中/而不想让同伴离开。"这个意象来自Senior，164，p.15："它的翅膀被剪断了，还有它的羽毛，它是静止的，不会回归到高处。"同样参见Stolcius de Stolcenberg，155，Fig. XXXIII。在Maier, *De circulo*，113，p.127中，对立双方呈现为"山尖上的一只秃鹫和没有翅膀的一只渡鸦"。参见1，i，pp.11—12以及2，iv，p.316。

PHILOSOPHORVM.

ANIMÆ IVBILATIO SEV
Ortus seu Sublimatio.

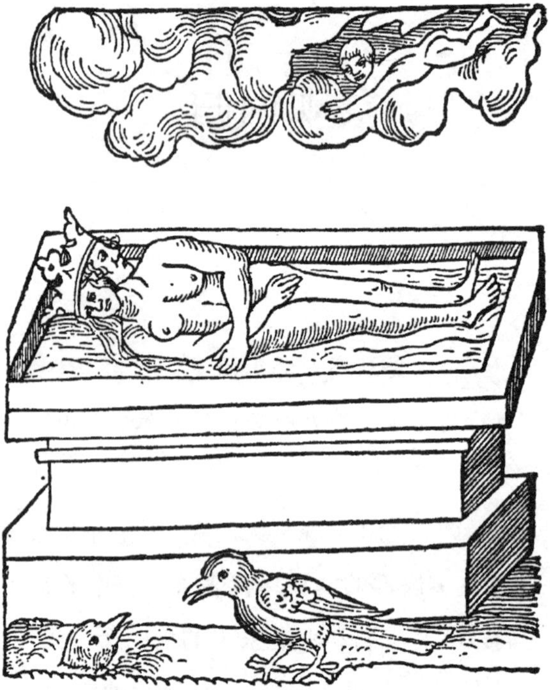

Hie schwingt sich die sele hernidder/
Vnd erquickt den gereinigten leychnam wider.

L iij

图9

空中的存在。这种对立体的二元配对之存在意味着：虽然雌雄同体者看起来是联合的，而且正在复活的节点上，但是它们之间的冲突并没有根本解决，也还没有完全消失：它被推到了图画的“左边”和“底部”，也就是说，被驱逐到无意识的领域。这些尚未整合的对立面以兽形呈现（而不是如前以人形呈现）这一事实，证实了这种推测。

495 《哲学玫瑰园》的文本继续引用了摩利努斯的话：“勿轻视此尘灰，缘其乃汝之心。”这里的“尘灰”，是焚化的惰性产物，是指死亡的身体，而此忠告在身体和心（heart）之间建立起一种奇妙的链接，“心”在彼时被看作灵魂的真正所在。[1]王冠当然是指至高无上的国王的装饰。加冕礼在炼金术中扮演着一定的角色——如《哲学玫瑰园》中有一幅关于“玛利亚加冕”（Coronatio Mariae）的图画[2]，象征着白色的、月亮般（净化）的身体。文本接着引用了西尼尔的话：“关于白色酊剂：当我所爱的父母品尝到生命，得到纯粹乳汁的滋养，并且因我的白色物质而喝醉，在我的床上彼此相拥，他们会带来月亮之子，他超过自己所有的同宗。当我所爱者因红石坟墓而饮醉，在婚姻生活中尝到了母亲之泉，在友谊中和我一起喝我的红酒并醉躺在我床上，然后我——爱着他，接受他的种子进入我的细胞——

---

1 参见*Paracelsus as a Spiritual Phenomenon*, 83, pars. 238（或1942 Swiss edn., p.138）。

2 *Psychology and Alchemy*, 85, fig. 235.

会受孕并怀胎，当时机到来，我会生出一个最强有力的儿子，他会征服和统治地球上所有的国王和王子，由至高无上的、永生的、永久统治的上帝给他戴上胜利的黄金王冠。”[1]

496 阐明此文本的加冕礼图画[2]证实，净化的尸体的复活同时也是一种荣耀，因为其过程类似于圣母的加冕。[3]教会的寓言性语言（的使用）也支持这样的比较。上帝之母和月亮、[4]水及喷泉的连接是如此广为人知，所以我也不需要进一步论证。但是这里被加冕的是圣母，在西尼尔的文本中，是儿子接受了“胜利之冕”——这比较合乎程序，因为他是“国王之子”，取代了他的父亲。在《曙光乍现》中，王冠赐给了智慧的“南风女王”（regina austri）。她对她所爱的人说：“我是王冠，用以加冕我所爱者。”所以王冠的作用是连接母亲和她的儿子—情人。[5]在一个稍后的文本中[6]，“爱之水”（aqua amara）

---

1 2, xiii, p.377. Cf. *Consilium coniugii*, 1, ii, p.129, and Zosimos, 2, iv, pp.291ff.

2 图画的风格提示是16世纪的，但是文本可能比图画早一个世纪。Ruska（*Tabula*, 149, p.193）认定文本是14世纪的。故将图画的时间认作15世纪（Ruska, *Turba*, 150, p.342）也许更为准确。

3 Cf. *Psychology and Alchemy*, 85, par. 499.

4 Ibid., fig. 220.

5 Vulgate Cant. 3: 11：“……见戴王冠的所罗门王，他的母亲用以在他的订婚礼上给他加冕。”Gregory评注道：“圣母玛利亚，她用王冠给他加冕，因为他从她那里获取了人类本性……据说这在他订婚礼那天举行，因为，当上帝的独生子要让他的圣性融入我们的人类本性时，他决定娶教会作为他的新娘。然后他就能从他的处女母亲那里获取我们的肉体。”（St. Gregory, *Cantica*, 59, Ch. III）

6 *Gloria mundi*, 4, ii, p.213.

被定义为“用光加冕”。在那个时候，圣依西多禄（Isidore of Seville）的词源学仍然是令人信服的：“苦之大海”（mare ab amaro）[1]被确认是指“大海”，和“永恒之水”是同义词。它也暗指圣母“喷泉”（πηγή）的水象征。[2]我们一再注意到，炼金术士在选择其象征时就像无意识一样在推进，每个理念都找到了正性和负性的表达。有时候他说皇族配对，有时候说公狗和母狗，而水的象征同样也是以强烈的对立来表达。我们读到过皇族王冠“在妓女的月经期”（in menstruo meretricis）[3]显现，或者给出如下指导：“拿走蒸煮器中残留的肮脏沉淀物（残滓）并保存好，因为它是心的王冠。”沉淀物对应着石棺中的尸体，而石棺对应着墨丘利喷泉或“密义瓶”。

497 从天而降的灵魂和露水是同一的，正如《哲学玫瑰园》引用了玛利亚（Maria）的解读，“圣水”（aqua divina）是“从天而降的国王”（“Rex de coelo descendens”）。[4]因而这种水自己给自己加冕，并形成了“心的王冠”，显然和之前的陈述（尘灰是王冠）是矛盾的。[5]很难判断炼金术士们是完全糊涂了，以致没

1 74, XIII, 14.

2 *Psychology and Alchemy*, 85, par. 92.

3 Philalethes, 4, iv, p.654.

4 Senior, 164, p.17.

5 王冠这个理念可能和卡巴拉关于Kether（皇冠）的理念有联系（*Kabbala denudata*, 93, I, p.131）。

有注意到这些明显的矛盾，还是此悖论是深思熟虑（的安排）。我怀疑是两者兼而有之，因为“无知者”（ignorantes）、“愚蠢者”（stulti）、“傻瓜”（fatui）会只看文字表面的意义，深陷在类比的混乱中，而较精明的读者会认识到象征的必要性，并且如行家里手一般处理它们，根本不会遇到麻烦。对理性负责，看起来一直是炼金术士的弱点，虽然他们中有些人足够清楚地告诉我们如何看待他们特殊的语言。[1]他们对汗流浃背又不堪重

---

1 Norton's "Ordinall"（6，i，p.40）说：

“对永久如此之多的疑惑来说，
他们已经就此为后裔写了太多：
他们每个人都教授了一点或两点，而他的追随者却得到了确定：
他对他们来说是大哥，
因为他们每个人相互理解；
虽然他们写作不是为了教授给所有人，
而是通过神秘语言展示自身：
因此不要相信读到的某一本书，
而是你要看很多作者的书；
一本书打开另一本书，伟大的文员阿诺德说。”

The Book of Krates（Berthelot，29，Ⅲ，p.52）说：“你的意图非常好，但是你的灵魂永远不会让自己吐露真理，因为意见的多样性和讨厌的傲慢。”Hoghelande（5，i，p.155）说：“这种**科学**通过混合真假来传递它的工作，有些时候非常简明，其他时候无比冗长，没有次序，经常使用颠倒的次序。而且它尽力含混地传递**工作**，尽可能地掩藏。”西尼尔（164，p.55）说：“他们说出有关所有事物的真理，但是人们不理解他们的言辞……由此通过他们的假设，他们对真实证伪，对错误证实……错误来自当听到无法理解的几个词的时候，他们会忽略他们（作者们）的意义，而这些词有隐藏的意义。”关于词语中隐藏的智慧，西尼尔说：“因为这属于那些细致地察验，认识到内在意义的人。”《哲学玫瑰园》（2，xiii，p.230）解释道：“所以我没有宣告所有的显现，而这是这份工作的必要，因为有些事情一个人是不可说的。”又见（p.274）：“这些事情必须以神秘的术语传递，就像诗歌使用譬喻和寓言一样。”Khunrath（*Chaos*，97，p.21）提到谚语：“公开的秘密就变得廉价。”这句话被安德里亚在他的《化学婚礼》中用作格言。《七气之书》（转下页）

负的读者越少尊重，无论愿意与否，他们欠无意识的债就越是沉重。因为正是他们变化无穷的意象和悖论，指向了一个首要的心理事实：原型及其意义多重性的不明确性，呈现的都是一个简单真理的不同侧面。炼金术士们沉浸在他们的内在体验中，唯一关心的就是设计出合适的意象和表达，而不顾这些意象和表达是不是理智的。虽然在这一方面他们落后于时代，然而早在心理学出现前，他们就为建构一种无意识的现象学做出了无法估量的贡献。我们，作为这笔财富的继承人，却发现它不是那么容易消受。然而我们可以安慰自己的是，这些古代的大师彼此也同样无法沟通，或者沟通时困难重重。故而《哲学玫瑰园》的作者说："古哲人所写如此隐晦以致造成困惑"，从而使读者困惑或者使他完全失去兴趣。就作者自己而言，他说：他会让"最真实的体验"（experimentum verissimum）变得一目了然，并且以"最确定和最人性的方式"揭露它，然后继续像他之前的所有人一样写作。这是不可避免的，因为炼金术士们真的不知道他们在写的内容是什么。我们今天是否知道，在我看来也不是那么确定的。无论如何，我们相信秘密不在于化

（接上页）（*Book of the Seven Climes*, 69, p.410）中提到："接着他神秘地说了有关外在和内在的构成……然后他阴森地说……在外在中无完整之酊，完整之酊只能在内在的可以找到……接着他阴森地……说到了，事实上我们制造的外在只是蒙在内在之上的一层面纱……而内在是这样的，是那样的，且他这样的行为从不停止，直到所有人都困惑了，除了他学生中最机智的……"魏伯阳说："窃为贤者谈，曷敢轻为书。若遂结舌喑，绝道获罪诛；写情著竹帛，又恐泄天符。犹豫增叹息，俯仰缀斯愚。"（162, p.243）

学物质，而在于精神的较深较暗的层面，即使我们对这个层面的本性也不清楚。也许再过一个世纪，我们也会发现一种新的黑暗层面，从中涌现出我们也不理解之事，但是其存在我们却是非常肯定的。

498 炼金术士在把王冠和"肮脏沉淀物"相提并论的时候，看不出其中有何矛盾，转口就说，它是来自天上的。他遵循的是《翠玉录》中订下的规则："如其在上，如其在下；依此成全太一奇迹。"[1]他的意识鉴别能力不像现代人那样犀利，而且绝对要比他同时代之经院思维更为迟钝。这种明显的退行无法以炼金术士这一方的心理倒退来解释。更多是由于他的主要兴趣聚焦于无意识本身，而根本不在意"鉴别"和"概念化"这些标志着学者简明的概念思维的东西。如果他能成功地找到重新描绘他感受到的秘密之表达方式，就心满意足了。这些表达之间彼此如何关联或不同，是他几乎不考虑的，因为他从不认为会有人能从他的理念中重构这种艺术，但是那些接近这种艺术哪怕只是一点点的人，都已被它的秘密所吸引，而且被全然的直觉所引导，或者实际上是由于上帝的拣选而命定要走向那里。所以《哲学玫瑰园》[2]引用了霍尔图兰努斯（Hortulanus）[3]的话："只有懂得如何制造哲人石的人才能理解他们关于它的话。"在

1 与之相应的悖论可参见本书第164页注释1。

2 p.270.

3 他被认为和Joannes de Garlandia一样，是12世纪的人物（70）。

觉悟的哲人眼前，象征的黑暗破裂粉碎。霍尔图兰努斯又说："当圣灵的教法起作用时，哲人学说的神秘性就无效了。"[1]

499 我们遇到的炼金术士不能区分躯体和灵性这一情况，从如下假设中得到了佐证：由于之前的"死亡"（mortificatio）和"升华"（sublimatio），身体已经具有了"第五元素"或灵性形式，从而，作为"纯粹物质"（corpus mundum），它和灵性并无很大区别。它能够庇护灵性，或者甚至把灵性拿下来成为它自己。[2]所有这些数据使人得出结论：不仅身体的"化合"是一个超凡事件，而且身体的复活也是超凡的，是一种发生在精神非自我中的过程。这可以解释为什么这个过程是如此容易被投射，因为如果它是个人性质的，其投射的倾向就会大打折扣，因为这样它就可以不费太大力气就被意识化。至少这种倾向就不会如此充足，以致造成对非生命物质的投射，而非生命物质是鲜活精神的对立一极。经验表明，投射的承担者不是任意的客体，而总是展现出能胜任被投射内容性质的客体——这就是说，它必须为投射的内容提供一个挂钩。[3]

---

1 70，p.365.因为炼金术士就像"哲人"，是精神的实证者。对他们来说，和体验比较起来，术语的重要性是次级的，正如经验主义通常所为。发现者很少会是一个好的分类者。

2 故Dorn（5，iii，p.409）说：这种地上的、炼金式的诞生，通过它的上升，给自己穿戴上了天堂本性的外衣，接着通过它明显的下降，又具有了土地的核心本性。

3 这解释了投射通常会对承担者有一些影响的原因，而这就是为什么炼金术士们自己期待着石头的"投射"的原因——带来基础金属的变形。

500 虽然这个过程本质上是超越性的，投射通过强烈地影响意识和个人精神，把它带到现实中。其结果就是一种膨胀，然后变得明白的就是，化合是一种神和神之间的圣婚，而不仅仅是凡人之间的爱情邂逅。这在《化学婚礼》中有精妙的提示，剧中的英雄罗森克鲁茨（Rosencreutz），只是宴会上的一位客人，而他溜进了维纳斯的卧房，为的是仰慕地窥视睡者那裸露的美丽，尽管这是被禁止的。作为对这种侵扰的惩罚，丘比特用箭射伤他的手。[1]他个人和皇族婚配的秘密联系，在书的最后只得到短暂的提示：国王提到罗森克鲁茨时，说他（罗森克鲁茨）是他的父亲。[2]作者安德里亚肯定是一个很有智慧的人，因为在这一点上，他用一个玩笑让自己从事件中脱身而出。他给出了一个明确的提示，他自己就是这些人物的父亲，而让国王来确认这一点。这种自发提供的有关“孩子”父亲身份的信息，是一位有创造力的艺术家常用的尝试，目的是巩固他自我的威望以抵御人们的怀疑——他是无意识中涌出的创作冲动的受害者。歌德无法轻易地摆脱浮士德——他的“主要事业”——哪怕一半的掌控。（相应地，渺小的人更需要伟大，因此他们必须让别人对他们有更高的评价。）安德里亚和其他炼金术士一样被这种技艺之秘所吸引，他花费不少精力去建立玫

1 炼金术士认为这箭是墨丘利的“激情之矛”（telum passionis）。

2 Rosencreutz，145.

瑰十字会（Rosicrucian Order）是对此的一个证明，这很大程度上是出于权宜之计，他作为神职人员的身份，导致他在其后的岁月中保持一种较为疏远的态度。[1]

501 如果非个人的无意识这种东西存在的话（也就是说，它不是由个人化的欲望内容构成的，无论这些内容是被遗忘的、被下意识察觉的或被压抑的），那么也就必然存在着在这种非自我领域中的过程，存在着自发性的原型事件，意识自我只有在它们被投射时才能被察觉。它们太过古远，让人感觉陌生和未知，但是我们仍然好像从一开始时就认识它们。它们同时也是引人注目的魅力源泉，让人目眩神摇的同时也让人豁然开朗。它们像磁铁一样吸引我们，同时也让我们恐惧，它们在幻想中、在梦中、在幻觉中以及在某些宗教性狂热中展现自身。[2]“化合”就是这些原型之一。原型的吸取性威力不仅仅解释了这个主题何以广泛出现，而且也解释了它在个人身上所具有的强烈的激情，这种激情往往无视所有的理性和理解。“化合”的突变也属于前面几幅图画所描绘的过程。它们处理的是对立面化合后的后发效应，在对立面的联合中，它们把意识人格也卷入了。其极端后果是自我在无意识中的消融，一种类似死亡的

1 Waite, *Real History of the Rosicrucians*, 160.

2 诱发谵妄状态的麻醉剂也能释放出这些过程，为此目的，原始仪式中会使用曼荼罗和佩奥特掌（peyotl，一种墨西哥产仙人掌）。见 Hastings, *Encyclopedia*, 65, IV, pp.735f。

状态。它来自自我或多或少地认同无意识因素，或者可以说，来自污染。这就是被炼金术士体验为“不洁”的东西。他们把这看作是粗糙、愚钝的身体对某种超越性事物的亵渎，因此身体需要经历升华的过程。但是从心理学上来说，身体是我们个体和意识存在的表达，故我们就会感到，身体处于被无意识淹没或毒害的危险中。因此，我们试图把自我—意识和无意识分开，将它从那危险的怀抱中解放出来。然而，虽然无意识的力量让人害怕，会让人把它看作魔鬼样的东西，但是这种感受只是部分得到事实验证，因为我们知道无意识也能够产生有益的影响。无意识会产生什么样的影响，很大程度上取决于意识心灵的态度是什么。

502 故而“净化”是一种辨别混合物的尝试，以梳理其中将个体覆盖的“对立物重合”(coincidentia oppositorum)。理智的人，为了生活在这个世界，必须区分“自己”和我们所称的“永恒之人”。虽然他是一个独特的个体，但是他也代表着作为种族的“人”，从而在集体无意识的所有运动中他也有一份。换句话说，当“永恒”真理压制个体的独特自我，并要求付出其生活作为代价时，它就变成了危险的干扰因素。如果我们的心理学，由于其经验材料的特殊性质，不得不强调无意识的重要性，这丝毫不会削弱自我—意识的重要性。只有对后者片面的高估才需要通过某种价值的相对化来加以检验。但是这种相对化不应该走得太远，以致自我被原型意象完全迷住和压倒。自我生活在时间和空间之中，如果它要存在，就必须适应时空的法则。如果它被无意识吸收到相当的程度，以致后者独自就具有了决定力量，那么自我就会被抑制，就不存在任何可以整合无意识的中介，不存在（自我）实现之工作可发生的中介。故而把经验性自我和“永恒”之人、普遍之人分开是至关重要的，尤其是今天，人格的群体退化正在大规模进行之时。群体退化不仅仅来自外界，它也来自内在，来自集体无意识。对抗外界之时，通过“人权”（droits de l'homme）可以提供某种保护，而今天在欧洲的很大一部分人权已经丧失[1]，并且即便在人权没有实际丧失的地区，我们也看到，政党们的幼稚性和他们的力量一般强大，他们正在尽力地要废除人权，为的是奴役国家，并以社会安全为诱饵。对抗内在的魔性，教会可以提供某些保护，只要它能行使权威。但是保护和安全只有在它们不约束我们的存在时才是有价值的，同样意识的优先性也只有在它不会压制和排除太多生活的前提下才是可取的。正如通常所见，生活就是一场左右为难的航行。

503 那么，把自我从无意识中区分出来的过程[2]，是对等于“净化提纯”的，正如它是灵魂回归到身体的必要条件一样，所以如果无意识要对自我—意识没有毁坏性影响的话，身体是必

1 本书写于1943年，故我留言于此，希望一个更好的世界会到来。

2 这个过程可参见*Two Essays*，88。

要的，因为正是身体赋予人格一定的界限。只有自我坚守阵地，无意识才能被整合。相应地，炼金术士尽力去联合“纯粹物质”，而心理学家一旦成功地让自我—意识从无意识的污染中解脱出来的话，他要尽力联合的就是灵魂。在炼金术中，净化提纯是无数次蒸馏的结果，在心理学中，它来自一个同等的、完全的分离过程——日常自我人格从膨胀的无意识材料的混合物中分离。这个任务需要最艰苦的自我检查和自我教育，然而，它们也可以由已经熟谙此道的人传递给他人。心理分化的过程不是一桩轻松之事，它需要炼金术士的韧性和耐心——他必须在最炽热的熔炉中净化身体的所有残余物，并“从一个洞房到另一个”去追寻墨丘利。正如炼金术象征所展示的，如果没有一个人类同伴，对此的全面理解是不可能的。一个普通的、仅仅是学术性的“对一个人错误的洞察”是无效的，因为如此一来错误根本没有被真正看见，而只是对它们有一些概念。但是当一段人类关系把它们带到前台，当它们被别人和自己注意到的时候，它们就会突显出来。这时它们才能被真正地感受到，它们的本性才能被真正认识。同样地，对自己忏悔秘密几乎没有什么效果，而对另外一个人进行忏悔则很有希望。

504 和身体再次联合的“灵魂”是从“二”而得的“太一”，是双方共有的纽带。[1]它就是关系的本质。同样地，作为集体无

1 Cf. Pseudo-Aristotle, 2, viii, p.371.

意识的表象，心理的阿尼玛具有集体的特性。集体无意识是一个自然和普遍的基准，它的表现总是造成一种无意识身份，一种神秘参与的状态。如果意识人格被卷入，并且没有抵抗，关系就被阿尼玛（例如在梦中）所个人化，接着阿尼玛作为一种或多或少的人格自主部分，通常就会有扰乱的效应。但是，如果自我已经成功地从无意识中分离出来，作为长期和彻底分析以及投射撤退的结果，那么阿尼玛就会逐渐减退以自主人格活动的效应，而变成无意识和意识之间关系的一种功能。只要她被投射，她就导致各种各样的对人和事的幻觉，从而导致无穷的并发症。投射的撤退让阿尼玛成为她本来所是之状：一个原型意象，其功能是有利个人的发展，这就是它正确的位置。她介入自我和世界之间，作为就像不断变化的沙克蒂（Shakti），她编织起玛雅（Maya）的面纱，跳着存在幻觉的舞蹈。但是，当阿尼玛在自我和无意识间起作用时，阿尼玛变成了所有神圣和半神圣形象的母体，从异教徒的女神到圣母，从圣杯使者到圣徒。[1]无意识阿尼玛是一个没有关系的生物，一个自体色欲的存在，它的目标之一就是完全地占据个体。当这种情况发生在一个男人身上时，他会变得糟糕至极地行为古怪、女里女气，而且会有一种喜怒无常、无法控制的气质，这种气质迟

1　这方面一个很好的理解可参见Angelus Silesius，13，Book III，no.238："上帝是人造的，现在欢喜地出生！在哪里呢？在我之中，他选择的母亲。会怎样呢？我的灵魂就是圣母玛利亚，我的心就是食槽，我的四肢就是窝棚……"

早会对迄今稳定的功能(也就是他的智能)产生有害的影响,并且会引发我们正好在被阿尼姆斯附体女人身上发现的、那些令人厌恶的思想和观点。[1]

505 这里我必须指出,在女性心理学中运用的是非常不同的原则,因为在这种情况下,我们不是在处理一种关系的功能,相反,是一种辨别的功能,也就是阿尼姆斯。炼金术,作为一种哲学,主要是一种男性的成见,从而,其概念形式绝大部分在性质上是男性的。但是我们不应该忽视的一个事实是,炼金术中的女性元素并非无关紧要,即便是在亚历山大城(Alexandria)的起源期,我们就有女性炼金术士的真实证据,如缇尔西比亚(Theosebeia)[2],佐西莫斯的"神秘姐妹",以及帕夫鲁提亚(Paphnutia)和玛利亚·普罗费提莎(Maria Prophetissa)。后期,我们知道还有炼金术伴侣,如尼古拉斯·弗雷莫(Nicolas Flamel)和他妻子佩罗尼(Peronelle)。1677年的《沉默之书》(*Mutus liber*)讲述了一对夫妻共同创造"伟业"的故事。[3]而后,在19世纪有一对英国的父女炼金术士,托马斯·劭斯(Thomas South)和他的女儿,这位女炼金术士后来成了阿特伍德(Atwood)太太。经过多年的炼金术研究,他们决定把自己

1 在女人身上,阿尼姆斯制造出同样类似的错觉,唯一的不同在于它们由教条化的观念和偏见构成,而这些观念和偏见是这女人从别人那里随意拿过来的,从来不是她自己反思的产物。

2 她是佐西莫斯的著作(2,iv)中的"Euthicia"。

3 119.我们在下文中还会提到另一对炼金伴侣。

的理念和体验写成书。为了这个目的他们分开工作，父亲在房子的一边，而女儿在另一边。她写了一本厚厚的、博学的巨著，而他则写诗。她首先完成了，并立刻把书送到印刷商那里。这本书差点出版了，但是父亲充满了顾虑，担心他们泄露了伟大的秘密。他成功地说服女儿把书取回并销毁了。本着同样的精神，他也牺牲了自己创作的诗歌。只有几行保留在她的书中，而此时要撤回所有的副本已经太迟。此书的一个印本，在她1910年去世后准备重印，1918年出版。[1]我读过这本书，没有泄露什么秘密。这完全是一本中世纪风格的作品，以神智学解释为点缀，作为对新世纪化合风潮的一点慰藉。

506 英国神学家和炼金术士约翰·柏登吉（John Pordage）[2]写给他的"神秘姐妹"简·里德（Jane Leade）的信，为女性心理学在炼金术中的作用做出了显著贡献。在信中[3]，他给了她有关"伟业"的灵性指导：

507 这个神圣的熔炉，这个"玛利亚的浴盆"（Balneum Mariae），这个玻璃小瓶，这个秘密的熔炉，是圣酊从其源头和起点流出的地方（母体或子宫）以及中心。关于这个大酊，如

---

1 *A Suggestive Inquiry into the Hermetic Mystery*, 14.

2 约翰·柏登吉（1607—1681）在牛津学习神学和医学。他是Jakob Böhme的弟子，追随其炼金神学，并成了颇有成就的炼金术士和占星师。在他的神秘哲学中的一个重要人物是索非亚。（"她是我神圣、永恒、基本的自我效能。她是我车轮中的车轮"等。参见Pordage, *Sophia*, 135, p.21.）

3 这封信发表于Roth-Scholz, *Deutsches Theatrum chemicum*, 148, I, pp.557—597。

何找到它的家和住所或寓所，我不需要再提示你，或命名它的名字，但是我劝你只要造访基础即可。所罗门在《所罗门之歌》中告诉我们，它的内在住所离肚脐不远，它就像圆的高脚酒杯，盛满了纯粹大酊的神圣液体。[1]你知道哲人的火焰，这是他们隐藏的钥匙……这个火是爱火，从圣金星或上帝之爱流出的生命，火星之火太过暴躁、太过激烈、太过凶猛，所以它会烧干燃烧材料：而金星之爱火才具备真火的品质。

508 这种真正的哲学将教你如何了解你自己，而如果你正确地了解了你自己，你也将了解纯粹自然，因为纯粹自然就在你自己之中。而当你了解到纯粹自然就是你的真实自性，远离所有恶劣的、罪恶的自私小我，那么你将认识上帝，因为神性就隐藏和包裹在纯粹自然中，就像果仁在果壳中一样……真正的哲学会教给你，谁是这个奇迹儿童的父亲，谁是他的母亲……这个儿童的父亲是火星，他是从作为父亲性质的火星进展而来的火样的生命。他的母亲是金星，她是从儿子性质进展而来的温柔的爱火。在这里，在自然本性的性质和形式中，你会看到雄性和雌性，男人和妻子，新郎和新娘，加利利（Galilee）[2]的第一次婚姻或婚礼，这对金星和火星从堕落状态回归之后的联姻的

---

1 最常暗指《所罗门之歌》7：2："你的肚脐如圆杯，不缺调和的酒。" Cf. *Aurora consurgens*, I, 19, Ch. XII.

2 加利利（Galilee），古巴勒斯坦北部，与耶稣传道有关，他的许多神迹都发生在此地。——中译注

庆祝。火星,或者丈夫,必须成为神样男人,否则纯粹的金星就不会带他进入夫妻之床或神圣婚姻之床。金星必须成为纯粹处女,处女般气质,否则愤怒、嫉妒的火星在他的愤怒火焰中就不会娶她,或者与她共同生活。但是在自然的性质中,存在的不是一致与和谐,而是除了斗争、嫉妒、争吵、敌意之外一无所有……

509 相应地,如果你想要成为一名博学之艺人,你要非常认真地看好你自身的金星火星之联合,婚姻之结要正确地系好,它们之间的婚姻要很好,而且要真正地圆房。你必须让它们一起躺在它们结合的床上,生活在甜蜜的和谐中。接着处女金星带来她的珍珠,她的水性之灵,在你之中,为的是调柔火星的火性之灵,然后火星愤怒的火焰会在温和及爱之中,心甘情愿地下沉,进入金星的爱火,从而火和水的两种性质会化合在一起,彼此融洽,流入对方,从他们的一致和联合中,会出现诞生奇迹的第一次受孕,我们把此称为大酊,爱火大酊。现在虽然大酊在你人性的子宫中受孕,并被唤醒了生命,但是仍然有巨大的危险,而这是要担心的,因为它仍然在身体或子宫中,在它于适宜的季节被带到光线中之前,仍有可能被负性的东西毁掉。由于这个原因,你必须四处寻找一个好的看护者,他会在童年期看护它,正确地照顾它:而这必须是你自己纯粹的心和你自己童贞的意志……

510 这个儿童,这个酊之生命,必须在自然的性质中被化验、被证实、被尝试,这里会再次出现巨大的焦虑和危险,注意它必须遭受在身体和子宫中的诱惑之害，而你有可能会因此丧失这次诞生。因为这精致的大酊，这生命的温柔之子，必须上升至自然的本质和形式，它会遭受并忍耐诱惑，并且能够克服它，它必须要上升进入神圣黑暗中，进入土星的黑暗中，在那里不能见到生命之光，它必须被囚禁，并被黑暗的枷锁束缚，必须依靠多刺的水星给它的食物活下去，这对生命的圣酊来说只不过是尘土和灰烬，毒药和苦汁，火焰和硫黄。它必须进入凶猛的、愤怒的火星，通过火星（正如发生在地狱腹中的乔纳的故事）它被吞掉，而且必须经历上帝愤怒的诅咒，同样它必须被魔鬼以及数以百万居住在愤怒火焰性质中的恶魔诱惑。此时，在此哲学工作中的神圣的艺术家会看到第一道颜色，大酊在这里显现出它的黑色，这是最黑的黑色，博学的哲人把它叫作他们的黑乌鸦，或者他们的黑色渡鸦，又或者他们的神圣的、极乐的黑色，因为在此黑色的黑暗中隐藏着在撒旦性质中的光中之光；而在这毒药和苦汁之中，在水星中隐藏着最珍贵的对抗毒药的药剂，也就是生命中的生命。而神圣的大酊隐藏在火星的狂怒或愤怒以及诅咒中。

511 现在似乎对艺术家来说，他的所有工作都丧失了。大酊变成什么呢？这里没有什么东西是明显的，没有什么东西可以被察觉、被认识或被品尝，而只有黑暗，最痛苦的死亡，地狱般恐惧的火焰，除了上帝的愤怒和诅咒别无一物。然而他没有看到，生命之大酊就在这个腐烂或溶解以及毁坏中，他没有看到在黑暗中有光亮，在死亡中有生命，在暴怒和愤怒中有爱，在这个毒药中有最珍贵的大酊以及对抗所有毒药和疾病的药剂。

512 旧时的哲人把这个工作或劳动命名为他们的降落，他们的灰化，他们的粉碎，他们的死亡，他们的石头材料的腐烂，他们的腐败，他们的“残渣”(caput mortuum)[1]。你千万不要鄙视此黑暗或黑色，而是要在耐心，在受苦，且在沉默中坚持下去，直到其四十天的诱惑过去，直到其苦难的日子终结，当生命的种子复苏，上升，升华或荣耀它自己，把自己变形为白色，净化自己和让自己神圣化，给予它自己红色，也就是说，改变和修复它的形体。当工作进展至此，就是一桩轻松的工作了：因为博学的哲人已经说过，石头的制造接下来就是女人的工作和儿童的游戏了。所以，如果人类的意志被放弃并扔下，而变成耐心和静止，并且像死亡的虚无之物；如果我们能够保持我们的念头、运动和意象静止，或者能够离开并休息，大酊会开始作用，并在我们之中且为我们影响一切事物。但是在可以带出这种形态之前，这份工作对人类意志来说是多么的艰难困苦，所以它要保持静止和镇定，即便所有的火焰在它面前释放出来，即便所有形式的诱惑不断袭击它。

513 正如你所见到的，这里有很大的危险。生命的大酊，当它被那么多的魔鬼和那么多的诱惑要素如此四面包围和袭击时

1 拉丁文，或译作“死去的头颅”。——中译注

很容易就被毁坏，汁液在子宫中被浪费掉。但是如果它能承受住并克服这火的考验和疼痛的诱惑，并赢得胜利，那么你就可以看到它从地狱、死亡、死亡坟墓中开始复活，第一次显现出金星的性质，接着生命的大酊自己会强烈地喷发，从黑色撒旦的监狱中，穿过有毒水星的地狱，穿过在火星熊熊燃烧的上帝之怒的诅咒和可怕的死亡，而且金星性质的温柔爱火会获得优势，而爱火之大酊会更乐于被掌管和有至高的指挥者。接着圣金星的温柔和爱火会如同主人和国王一般在所有性质之中和之上进行统治。

514 然而，仍然存在另一个危险让石头的工作流产。故而艺术家必须等待，直到大酊出现另一种颜色，如被最白的白色覆盖，他在长期的耐心和静止后有望看到，当大酊在月亮性质中升起后这会真正地显现：德高望重的月神给予大酊一种美丽的白色，最完美的白色色调和最明亮的光辉。这样黑暗被转化为光明，死亡转化为生命。在艺术家心中，这明亮的白色唤起了喜悦和希望，使工作自身的进展和沉淀过程都变得如此快乐。现在白色向洁净、天真、神圣、简易、敬神、正义的灵魂的开悟之眼展示出来，而大酊带着这些（质量）被一次次地覆盖，就像穿衣服一样。她就像月亮一般放光，如黎明一般美丽。现在酊样生命的神圣童贞向外闪耀，看不到任何的斑点或褶皱，也没有任何的瑕疵。

515 旧时的大师们惯于把这份工作称为他们白色的天鹅，他们的“染白”或“白化”，他们的升华，他们的蒸馏，他们的循环，他们的净化，他们的分离，他们的圣化，以及他们的复活，因为这个大酊就像闪耀的银子一样白。它被升华或提升，并转变形态，这是因为它多次下降进入土星、水星和火星，而这些过程通过多次上升进入金星和月亮完成。这就是蒸馏，“玛利亚的浴盆”：因为大酊在自然的性质中，通过水、血和圣童贞索非亚的天堂露水的多次蒸馏而被净化，通过多种多样的循环，进出各种自然的形式和性质，大酊被制造成白色和纯净的，就像闪亮的、被抛光的银子。而且所有的黑暗的不洁，所有的死亡、地狱、诅咒、盛怒，与所有的在土星、水星和火星性质中升起的毒药都被分离和分开，为此他们把这称为它们的分离，并且当大酊达到它在金星和月亮的白色和明亮时，他们称之为它们的圣化、它们的净化以及变白。他们称之为它们的复活，因为白色从黑色中上升出来，神圣的童贞和纯洁从水星的毒药、红色火焰愤怒中以及火星的盛怒中上升出来……

516 现在石头形成了，长生不老药炼成了，爱童或爱之小孩诞生了，新的出生完成了，工作非常完美。再会了！堕落，地狱，诅咒，死亡，恶龙，野兽和蛇怪！晚安！死亡，恐惧，悲伤和悲惨！从现在起，救赎、拯救和恢复丧失的一切事物会再次出现，从里到外，现在，你拥有了整个世界最大的秘密和神秘，你拥有了爱之珍珠，你拥有了不变圣乐之永恒精髓，所有疗愈的功效和所有增长的力量来自它，在它之中存在着圣灵积极力量的积极推进。你拥有了踩着蛇怪之头的女人的种子。你在同一个精髓和性质中拥有了处女的种子和处女的血。

517　喔，奇迹之奇迹啊！你拥有了酊剂大酊，处女的珍珠，它在“一”中具有三种精华或性质，它具有身体、灵魂和灵气，它具有火、光和乐。它具有父亲的性质，具有儿子的性质，同时也具有圣灵的性质，虽然总共有这三种性质，但是他们存在于一个固定和永恒的本质之中。这是童女之子，这是她的初生子，这是尊贵的英雄，足踏蛇怪者，而他把龙抛在脚下，并踩着龙……现在天堂之人变得清晰，就像透明的玻璃那样，在其中神圣太阳在不断地闪耀，就像黄金一样是完全明亮、纯粹和清楚的，没有瑕疵或斑点。灵魂自此成为坚实的、无比快乐的天使，她可以让自己成为医生、神学家、占星师、神圣魔术师，她可以让自己成为任何她想成为的东西，做任何她想做的事情，拥有任何她想要的东西：因为在和谐一致中所有的性质都只有一个意志，而且这一个意志同样是上帝的永恒的、绝对可靠的意志，从此之后，圣人就存在于他自身的本性中，并且与上帝同一。[1]

518　这一歌颂爱、处女、母亲和孩子的神话，听起来非常女性化，但实际上它是一种原型样概念，源自男性无意识，其中童贞玛利亚对应着阿尼玛（在心理学意义上）。[2]正如象征及她和儿

1　这个结束的篇章让人很容易想起“secta liberi spiritus”的教法，它早在13世纪时就由贝格派（Beghards）及贝干诺派（Béguines）传播开来。

2　故而柏登吉的观点或多或少和女人的意识心理是一致的，但是和其自己的无意识不一致。

子之间不太明显的区别所显示的，她也是“天堂”的或“神圣”的存在，即自性。这些理念和形象对柏登吉仍然是神秘的，或多或少是未分化的，这一点可以通过他自己描述的体验的情绪本质得到解释。[1]这一类体验没有给批判性理解留下多少空间。然而，它们确实照亮了隐藏在炼金术象征背后的过程，并且为现代医学心理学的发现铺平了道路。不幸的是，我们没有拥有任何原始文献可以确定这是某位女性作者所著的。相应地，我们也不知道女性观点的炼金象征会是什么样的。然而，现代医学实践告诉我们，总的来说女性无意识会制造出一种和男性无意识互补的象征。在那种情况下，用柏登吉的术语来说，其主旨就不会是柔和的金星而是火爆的火星，不是索非亚（Sophia），而是赫卡特（Hecate）、得墨忒耳（Demeter）和珀尔塞福涅（Persephone）[2]，或者是更光明及更黑暗面向的南印度母系氏族的迦利（Kali）。[3]

519 在这个方面，我想请大家关注一下14世纪《艾仕本罕手稿》（*Codex Ashburnham*）里的“哲学树”（arbor philosophica）[4]，其中的一幅画显示，亚当被一支箭射中，从他的生殖器上长出

1 Pordage, *Sophia*, 135, Ch. I.

2 赫卡特、得墨忒耳和珀尔塞福涅都是古希腊神话中的女神。——中译注

3 有一部现代作品对女性的象征世界做了出色的描述：Esther Harding, *Woman's Mysteries*, 64。

4 35, i; *Psychology and Alchemy*, 85, fig. 131, 135.

了一棵树。[1]在另一幅图画中，树从夏娃的头里长出来。她的右手遮住生殖器，左手指向一个颅骨。显然这暗示着，男人的“伟业”和阿尼玛的色情部分有关，而女人的和阿尼姆斯有关，它是“头的功能”。[2]原质，也就是无意识，在男人通过“无意识”阿尼玛来代表，而在女人通过“无意识”阿尼姆斯来代表。从原质中生长出哲学之树，不断伸展的“伟业”。在象征意义上，这些图画也和心理学的发现一致。因为亚当代表着女性的阿尼姆斯，他和他的成员（λόγοι σπερματιχοί）产生出“哲学”理念；而夏娃代表着男人的阿尼玛，她作为“智慧”或索非亚，从头脑中产生出工作的理智内容。

520 最后，我必须指出，在《哲学玫瑰园》中也可以发现对女性心理的某种承认，在第一系列图片之后的第二系列（没有第一系列那么完整，但是也是类似的）结束时出现了一个男性的形象——“皇帝”，而不是像第一系列中出现的是“女皇”和“哲学家的女儿”。在“雌雄同体”（图10）中对女性元素的突出和占优势的男性心理是一致的，而在第二系列中加上的“皇

---

1 这支箭是指墨丘利的激情之矛（Cf. *Cantilena Riplaei*, 143, p.423）。也见 *The Spirit Mercurius*, 89, pars. 113f. 和 St. Bernard of Clairvaux, 26, XXX, 8：“上帝的言辞是一支箭；它是活生生的，起效的，比双刃剑更加具有穿透性……基督的爱是一支选择之箭，它不进入，而是改变玛利亚灵魂的形状，让她的童贞之心没有无爱之处。”（Trans. from 27, I, p.346）

2 见阿拉斯加爱斯基摩的传说《变成蜘蛛的女人》（Rasmussen, pp.121ff.），以及西伯利亚的传说《女孩和颅骨》（*The Girl and the Skull*, 44, ii, No.31），其中有个女人嫁给了一具骷髅。

帝”则是对女性(或者是男性意识)的一种承认。

521 阿尼姆斯在其原初无意识形式中,是自发的、无预谋的观点的复合物,它们对女性的情感生活产生强有力的影响,而阿尼玛是类似的感受的复合物,从而影响或歪曲男性的理解(“她牵着他的头”)。于是阿尼姆斯乐于把自己投射到“理智”和各种“英雄”身上,包括男高音歌手、艺术家、体育名人等。阿尼玛偏好所有无意识、黑暗、模棱两可、互不相关的东西,以及女人身上的虚荣、冷淡、无助,等等。在这两种情况下,乱伦元素都扮演着重要的角色:在年轻女性和父亲,老妇人和儿子,年轻男人和母亲,老男人和女儿之间形成一种关系。

522 现在清楚的是,从这所有一切中,经过“伟业”增长到意识自我中的“灵魂”,对男人而言具有了女性的特征,对女人来说则具有了男性的特征。男人的阿尼玛需要和谐和连接,而女人的阿尼姆斯试图明辨和分别。这个绝对的对立体在炼金术士的“rebis”(雌雄同体)概念中得到了描述,雌雄同体作为对立面的一致性,是超越性实体的象征。但是在意识现实中(一旦无意识的杂质从意识心灵中通过之前的净化被清除)雌雄同体代表着一种冲突,即便两个个体的意识关系是相当和谐的。即便意识心灵不认同自己具有无意识的偏向性,它仍然不得不面对无意识,并且顾及无意识,以便无意识可以在个体的生活中发挥其作用,无论这是多么地困难。因为如果无意识不被允许通过言辞和行为表达自己，通过担忧和苦恼，通过我们对其要求和抗拒的考虑，那么早先分裂的状态将返回，随之而来的是不理会无意识所造成的无可估量的后果。另一方面，如果我们对无意识退让太多，它就会导致人格积极或消极的膨胀。无论我们如何把这个情境翻来倒去，它始终保持着内在或外在的冲突：一只鸟羽毛丰满，而另一只羽翼未丰。我们总是怀疑：有一个需要抛弃的正方和需要接受的反方。所有人都想要逃离这种确实不舒服的情境，但是这样做后只会发现我们所遗弃的是我们自己。生活在永久的逃避中是一桩苦难，而和我们自己生活在一起需要很多基督教的美德，诸如耐心、爱、虔信、希望和谦逊，须应用于我们自己的情况。对我们的邻居运用这些美德，让他们快乐是很好的，但是自我崇拜的魔鬼会很容易从身后击打我们，并说："干得好！"而且因为这是一个伟大的心理真理，它必须为了同等数量的人颠倒过来，以便给魔鬼一些东西挑剔。但是当我们必须将这些美德应用于自身时，这让我们快乐吗？当我是自己礼物的接受者，当我是兄弟中最后那个我必须纳入胸怀的人？当我必须承认我需要我所有的耐心、我的爱、我的虔信，甚至是我的谦逊，必须承认我是我自己的魔鬼，我是我自己的对手，总是想要得到一切事物中的对立两面？我们曾经对自己真正地容忍过吗？"以己待人……"这句话对魔鬼和好人都适用。

523 在约翰·高威（John Gower）的《忏悔录》（*Confessio*

amantis, 57）中有句话，我在本书的引论中已经作为格言用过："交战的宁静，甜蜜的伤口，惬意的邪恶。"[1]古代的炼金术士把体验中的第五元素放入这句话中。对此无与伦比且简明精要的表达，我没有什么可以添加的。它们包含了所有自我能合理地向"伟业"要求的东西，并且为"伟业"照亮了人类生活的悖论性黑暗。臣服于人类本性的这一根本矛盾，就等于接受了精神自身有交叉目标这一事实。炼金术教导说，这种张力是四个方向的，形成了一个十字架，代表着四种交战的元素。这种完全的对立要成立，至少要求的方位是四相。十字作为一种精神现实的痛苦表达，背上十字架也就是一个整体性的恰当象征，同时也象征着炼金术士在他们工作中看到的激情。于是《哲学玫瑰园》在此结束，用了一幅复活的基督图像和短诗：

在我的许多苦难和伟大殉难后
我再次变身，没有任何瑕疵

524 对炼金术以及投射进入它的无意识内容进行独断的理性分析和解释，必须立刻在上述平行和反义上停止，因为在完全的对立中，不存在第三方——"没有第三条路"（tertium non

---

1 72, II, p.35：motto of Book I. Cf. St. Bernard of Clairvaux, 26, XXIX, 8（of Mary）："而她在她所有的存在中确实受到了来自爱的巨大的、甜蜜的伤害。"

datur)。科学止步于逻辑的尽头，但是自然并非如此——她喜欢未被理论践踏的土地。“尊贵的自然”并不会在对立体前停步，她使用它们（从对立体中）创造出一个新的诞生。

（十）

新　　生

所有荣耀之女皇在此诞生 /

哲人们把她称作自己的女儿。

她不断繁殖，不断生育孩子 /

他们纯粹无瑕，不会腐朽。（图 10）

525　最后这幅图画是整个系列的第十张，这当然不是偶然的，因为“十”（denarius）被认为是完美的数字。[1]我们已经表明，

1 “完美的数字是十。”（Mylius，120，p.134）毕达哥拉斯派学者认为“十”是完美的数字（Hippolytus，67，I，2，8. Cf. Joannes Lydus，110，3，4，and Proclus，137，21 AB）。这个观点通过《哲人集》（pp.300ff.，“Sermo Pythagorae”）传递给炼金术。Dorn（5，iv，p.622）说：“当数字四和数字三上升到数字十，它们又回到太一。在这个秘密中包含了所有事物隐藏的智慧。”但是他否认了（ibid.，p.545）1+2+3+4=10。因为他认为“1”不是一个数字，而坚持“十”来自 2+3+4=9+1。他坚持要消除魔鬼的二进（转第 191 页）

PHILOSOPHORVM.

Hie ist geboren die eddele Keyserin reich/
Die meister nennen sie jhrer dochter gleich.
Die vermeret sich/gebiert kinder ohn zal/
Sein vndötlich rein/vnnd ohn alles mahl.

Die

图 10

玛利亚法则由4、3、2、1组成；这些数字的总和就是10，它代表着更高水平上的统一性。以“简单之物”为形式的一元数组(unarius)，即，作为“事物原创者”(auctor rerum)的上帝的形式，代表着统一性。[1]而“十”是完整工作的结果。故而“十”的真正意义是“上帝之子”。[2]虽然炼金术士把它称为哲人之子[3]，当作基督的象征，同时把基督教的基督形象的象征特质用于描述他们的雌雄同体。[4]尽管说中世纪的雌雄同体具有这些基督教的特征也许是正确的，但对于阿拉伯和希腊来源的“赫马佛洛狄忒斯”，我们必须推测它们具有部分的异教徒传统。婚约中男方和女方的教会象征导致了两者的神秘统一，也就是“基督的阿尼玛”(anima Christi)活在教会的“奥体”中。

(接第189页)制(ibid., pp.542ff.)。John Dee(5, viii, p.220)以通常的方式导出二进制：最古老的拉丁哲学假设垂直的十字意味着十。古代的作者Artefius(也许是个阿拉伯人)同样也是通过前四个数字相加得到了十(5, xi, p.222)。但是，后来他说2是第一个数字，然后他接着做出以下的运算：2+1=3，2+2=4，4+1=5，4+3=7，7+1=8，8+1=9，8+2=10，并说：“以同样的方式，百位数产生自十位数，千位数产生自百位数。”这种运算被认为要么是神秘的，要么是幼稚的。

1 Hippolytus(67, IV, 43, 4)提出，埃及人说上帝是不可见的统一体，而“十”是一个单子，所有数字的起始和终点。

2 “十”作为“基督的寓意”可见于Rabanus Maurus, 139。

3 “注意倾听：盐是最古老的神秘。在数字十中藏有它的核心，以哈波奎特斯(Harpocrates)的方式。”(Khunrath, *Amphitheatrum*, 96, p.194)这里的盐是智慧之盐。哈波奎特斯是关于神秘谜题的天才。

4 在Monoïmos(公元2—3世纪的阿拉伯诺斯替教徒)的系统中与此存在对应。(Hippolytus, 67, VIII, 12, 2ff.)海洋之神俄刻阿诺斯(Oceanus)的儿子(原人)是不可分的单体，而又是可分的：他是母亲和父亲，是单体也是十倍体。“从神圣数字十中你会得到统一体。”(5, vi, p.115)

这个统一体潜伏在基督的双性同体理念下，中世纪的炼金术则将之用于自己的目的。古老许多的赫马佛洛狄忒斯的形象，其外表的部分也许起源于塞浦路斯的“长胡须的维纳斯”（Venus barbata），在东正教会中遭遇了已然存在的双性同体基督的理念，这个理念无疑与柏拉图的“双性初人”概念有关，因为基督从终极来说就是“原人”。

526 “十”形成了“所有工作的总和”（totius operis summa），形成了工作的终结点，超越它是不可能的，除非是通过“增殖”（multiplicatio）的方法。因为，虽然十代表着统一的更高阶段，但它也是1的增殖，从而它也能以10、100、1000、10000等倍率而增加达到无穷。正如教会的神秘集体是由无穷大的信奉者组成，并且信众数能够无限地增长一样。因此雌雄同体被描述为“永恒食物”、“无尽光明”（lumen indeficiens），诸如此类。故而也假定酊剂会自我更新，而工作只需要完成一次就一劳永逸。[1]但是，既然“增殖”是十的特性，100和10比就没有区别，也不会更好。[2]

527 根据《哲学玫瑰园》的说法，“lapis”被理解为天体演化的初人，是“自我的起源”（radix ipsius）：所有东西都从这个

---

1 Norton, “Ordinall”, 6, i, p.48; Philalethes（4, v, p.802）：“那一旦发现它的人就到了其工作的收获季节。”这段文字引自Johannes Pontanus，他大约是1550年的人物，是柯尼斯堡（Königsberg）的医生和教授（Cf. Ferguson，41，II，p.212）。

2 值得注意的是圣十字若望（St. John of the Cross）把灵魂的上升描绘为十个阶段。

太一而来，并在此太一中生长。[1]它是“咬尾蛇”，自我滋养和自我生育的蛇怪，本质上是“不可被创造之物”，尽管《哲学玫瑰园》中的一处引文强调“我们最尊贵的墨丘利”是被上帝创造成“尊贵之物”的。这个“不可被创造的造物”（creatum increatum）只能被列为另一个悖论。对心灵的超常态度绞尽脑汁是无用的。实际上，只有我们假定炼金术士并非有意识地、故意地在自相矛盾，我们才该继续如此。在我看来，他们的观点是完全自然的：任何未知的事物最好用对立的方式来描述。[2]一首德语长诗（其出版时间被证实和1550年的《哲学玫瑰园》同期）解释了“赫马佛洛狄忒斯”的性质：

528 所有荣耀之女皇在此诞生 /
哲人们把她称作自己的女儿。
她不断增殖，不断生育孩子 /
他们纯粹无瑕，不会腐朽。
女王憎恨死亡和贫穷
她超越黄金、白银和珠宝 /
所有药物无论大小。

---

1 “他们都来自太一，是属于太一的，和太一在一起，太一是它自己的根源。”（2，xiii，p.369）

2 库萨的尼古拉斯（*De Docta ignorantia*，62）把二律背反性思维看作是理性推理的最高形式。

世上无物可以伦比 /
为此我们感谢天庭的上帝。
哦,我是裸体的女人,是约束我的力量 /
因为我第一次开始时,我的身体遭到诅咒。
我永远也不会成为母亲 /
直到我生出了另一个人。
然后我就拥有了根茎和草药的力量 /
并且我征服了所有的疾病。
接着我第一次认识了我的儿子 /
我们两人变为一体。
他让我怀孕并且生育
在一片贫瘠的土地上。
我变成了母亲,同时仍然是女仆 /
在我的本性中建立起来。
从而我的儿子也是我的父亲 /
正如上帝根据自然而判决。
我生出了诞生我的母亲 /
通过我她再次降生于大地。
被看作是一体,这是自然嫁娶的 /
是在我们的山岳中最娴熟隐藏的。
"四"聚合为"一" /
在我们威严的大石中。

而当“六”被看作是三位一体时/
它被带到永恒的统一。
那些正确思考这些事情的人/
上帝赋予他们力量去战斗
所有此类的疾病
和金属及人的身体相关的。
无人可做到除非有上帝的帮助/
然后只有他看穿自己。
从我的地上喷泉流出/
它分为两支流淌。
其中一支流向东方/
另外一支流向西方。
两只老鹰飞翔羽翼未丰/
赤裸着再次落回地面。
而它们很快升起，羽毛丰满/
这喷泉是日月之主。
哦，主耶稣基督，他赐予
通过圣灵的恩泽的礼物：
我是那被给予的人之一
真正地完全理解了大师之言。
他关于未来生命的思想会长驻/
身体和灵魂如此地和谐。

它们升起到父王的国度 /
这便是人之中的技艺之道。

529 这首诗具有颇多的心理学意味。我已经强调过双性同体的阿尼玛本性。“初人”的“受诅咒性”(unblessedness)相当于我们上一章提到的不和谐、魔鬼、“无意识”的阿尼玛。在它的第二次诞生中,即,作为“伟业”的结果,阿尼玛变得富饶多产,并以赫马佛洛狄忒斯的形式与她的儿子再次出生,赫马佛洛狄忒斯是母子乱伦的产物。受胎和分娩都没有损坏她的童贞。[1]这本质上是基督教的悖论,它与无意识的超常非时间性有关:一切都已经发生但也尚未发生,一切都已经死亡但也尚未诞生。[2]这种悖论陈述说明了无意识内容的潜力。就比较而言,它们是知识和记忆的客体,在这个意义上,它们属于遥远的过去,故而我们会说“原初神话理念的遗迹”。但是,就无意识以一种突然、不可理解的侵入来表现自己而言,它是以前从未出现过的某种东西,某种全然陌生、新鲜的、属于未来的东西。故而无意识既是母亲也是女儿,是诞生她自己母亲的母亲(非受造物),而她的儿子也是她的父亲。[3]看起来炼金术士逐渐知晓

---

1 Cf. Zosimos, 2, iv. p.309:“它(哲人石)的母亲是处女,父亲没有和她同眠。”

2 Cf. Petrus Bonus, 5, xv, p.649:“其母是处女,其父没见过女人。他们也知道上帝必须变成人,因为在这门技艺的最后一天,当工作全部完成,生产者和被生产者成为一体。老人和年轻人,父亲和儿子,成为一体。于是所有老的东西被变成新的东西。”

3 Cf. Dante, *Paradiso*, XXXIII, i:“哦,童贞之母,汝子之女。”

的是，这个最令人震惊的悖论是和自性有某种程度之连接的，因为一个人除非得到上帝的帮助，除非“他看穿自己”，否则没有人可以实践这门技艺。从摩利努斯和卡里德国王的对话中我们可以看出，古代大师们都觉察到这一点。摩利努斯提到希拉克略（Heraclius，拜占庭皇帝）是这样告诉他的学生的：“哦，智慧之子啊，要知道上帝，那无上的、荣耀的大造物主，他从四种不平衡的元素中创造了世界，并把人放在它们中间作为装饰。”当国王恳求进一步解释时，摩利努斯回答道：“为何我应该告诉你这许多事情呢？因为这种物质（即，奥秘）是从你身上提取出来的，你是它的矿石；在你之中，哲人发现了它，我可以说得更直白些，他们从你那里拿走了它。而当你体验到这一点时，对它的爱和欲望会在你心中增长。而你应该知道这是真实和不容置疑的……因为在这块石头中，四种元素是连在一起的，人把它比作世界和世界的构成。”[1]

530 从此对话中我们可以看出，由于人在四大世界原则中的位置，所以人自身就包含着世界的复本，在此复本中不对等之元素得以联合。这是人的微宇宙，和帕拉赛尔苏斯的“苍穹”（firmament）或“奥林巴斯”（Olympus）相应，人之中的未知量如世界一般宽广，这是他身上的本性而不是培养出来的。从心理学上来说，这和集体无意识相应，在炼金术中集体无意识的

1 2，xii，p.37.

投射比比皆是。我必须克制再引用更多炼金术士心理学洞察的证明,因为这已经在其他地方做过了。[1]

531 诗歌的末尾暗示着炼金术士的伟大希望——“不朽”、“长生不老药”(elixir vitae)。作为一种超验理念,不朽不能成为体验对象,因此既无支持也无反对的论据。但不朽作为一种感觉的体验是相当不同的。这种感受正如理念的存在一样,是无可争议的现实,也能和理念一样被同等程度地体验。我曾多次观察到,自性的自发性展现,即与之相连的某些象征的显现,会随之带来无意识的某种无时间性的东西,它以一种永恒或不死的感受来表达自己。此类体验让人异常印象深刻。“永恒之水”、“不朽之石”(incorruptibilitas lapidis)、“长生不老药”[2]、“不死之食”(cibus immortalis)等理念并不奇怪,因为它们符合集体无意识的现象学。就炼金术士而言,他想象自己能够制造出一种永生物质,这就算是在上帝的帮助下,似乎也是一种荒谬的假设。这种宣称让很多著作带有一种自吹自擂、欺世盗名的气氛,由此它们当然变得声名狼藉、被人遗忘。与此同时,我们要当心不要把婴儿和洗澡水一起泼掉了。也有一些著作对工作的性质深入探究,赋予炼金术

1 Cf. *Psychology and Religion*, 86, pars. 95ff., 153ff.(1938 edn., pp.69ff., other lacking); *Paracelsus study*, 83, pars. 214ff.(Swiss edn., pp.89ff.); *Psychology and Alchemy*, 85, pars. 342ff.

2 没有提到的是,这些概念并没有为任何形而上学问题提供解决方案。它们既没有证实也没有证伪灵魂的不死性。

另外一副面貌。《哲学玫瑰园》的匿名作者如此说:“然而,显而易见的是,石头是哲人的主人,就像他[哲人]会说,他被迫跟随自己的本性行事,故而,哲人不是主人,而是执行者,石头的执行者。相应地,那些试图通过技术,远离自然而在物质中加入任何非其本性具有之物的人,是错误的,而且会因为其错误而悲伤。”[1]这明白地告诉我们,艺术家不是根据他自己的创造性异想行事,而是被石头驱使做事。这位全能的工头正是自性。自性想要在工作中展现出自己,因此“伟业”是一个自性化过程,一种成为自性的过程。自性是整体的、永恒的人,并以此呼应原发的、球形的[2]、双性的存在,他代表着意识和无意识的交互整合。

532 从前所述我们能够看到工作是如何以违背理性分析的、高度矛盾的存在而结束。这项工作几乎不可能以其他方式结束,因为“复杂的对立”(complexio oppositorum)只可能导出了难解的悖论。在心理学上,这意味着人类整体性只能够以二律背反来描述,这在面对超验理念时总是如此。我们可以提出同样矛盾的光的粒子理论和波动理论,虽然它们至少可在数学综合(mathematical synthesis)的可能性之内呈现,但相比之下,心理学理念缺乏这种呈现。然而,我们的悖论提供了直觉和情绪体验

1 2,xiii,pp.356f. Cf. *Psychology and Alchemy*,85,par. 142.

2 波斯的迦约玛特长和宽一样,故而形状是球形的,正如柏拉图的《蒂迈欧篇》提到的世界灵魂。(Reitzenstein and Schaeder,142,p.25)

的可能性，因为不可知和不可理解的自性统一体，甚至照亮了我们辨别性的，故也是分裂性的意识领域，并且，就像所有的无意识内容一样，它带着非常强大的效应如此行事。这种内在的统一，或者统一的体验，是神秘学者尽力用“神秘联合”的理念来表达的，而且也见于印度的宗教和哲学，见于中国道家以及日本禅宗。从心理学的观点来看，我们给予“自性”什么名字并不重要，同样，它是不是“真实”的这一问题也不重要。其心理现实性已经足够成为所有实践的目标。理智无法认识超越它的任何东西，故而理智的彼拉多（Pilate）[1]式质疑是毫无意义的。

533 回到我们的图片：它显示了“雌雄同体”的神化，右边的身体是男性的，左边是女性的。这个人站在月亮上，月亮在这里对应着女性月瓶，“密义瓶”。它的翅膀标志着挥发性（volatility），即灵性。它一只手中举着圣餐杯，其中有三条蛇，也有可能是一条有三个头的蛇；在另外一只手中，是一条蛇。这显然是暗指玛利亚法则，以及三和四之间的古老难题，同样也是指三位一体的神秘性。圣餐杯里的三条蛇是圣三位一体的地狱对等物，而一条单独的蛇，首先是代表着通过玛利亚所表达的“三”的统一，其次代表的是“邪恶的”墨丘利之蛇及其所有的附属意义。[2]这一类的图片是否和圣殿骑士团的巴风

1 罗马执政官，审判过基督耶稣。——中译注

2 Cf. *The Spirit Mercurius*, 89.

特（Baphomet of the Templars）[1]有关尚待商榷，但是蛇的象征[2]肯定是指向魔鬼原则的。它，虽然被从圣三位一体中排除，但仍然和救赎的工作有一定关联。而且在雌雄同体的左边也发现了渡鸦，这是魔鬼的同义词。[3]羽毛未丰的鸟已经消失了：它的位置被长翅膀的雌雄同体取代。在右边站着“日月树”——“哲学树”，它是发展的无意识过程的意识对等物，用站在对立一边而得到暗示。在第二版本的对应雌雄同体图片中[4]，代替渡鸦的是一只鹈鹕，正在为自己的孩子而啄胸，这是众所周知的基督寓言。[5]在同一幅图中，一头狮子正在雌雄同体身后徘徊，在雌雄同体站立的山脚下，有一条三头蛇。[6]炼金术中的雌雄同体本身就是一个问题，需要特别的解释。这里我只就炼金术士努力热切期望的目标要用如此让人震惊恐惧的意象来

1 Cf. Nicolai, 123, p.120; Hammer, *Mysterium Baphometis*, 63, pp.3ff. 巴风特，据传是圣殿骑士崇拜的偶像，有山羊的头（额头有五芒星，两角之间有火把），有女性的胸部，且腹部放置有赫尔墨斯之杖。

2 Cf. *Psychology and Alchemy*, 85, fig.70, 显示了一种关于蛇的仪式。与圣殿骑士无特定联系（Hammer, *Mémoire sur coffrets gnostiques*, 62）。

3 Anastasius Sinaïta, 12, Lib. XII:“而且当黑色的渡鸦撒旦（或者撒旦的渡鸦）被窒息或被损坏……” St. Ambrose, 11, Lib. I, Cap. VIII:“如果所有无耻和内疚都是黑色的，那么死者就像渡鸦一样把它们当作食物。”再次，渡鸦象征着罪者：St. Augustine, *Annotationes in Job*, 15, Lib. I, Cap. XXXVIII, V.41:“它们象征着黑色（渡鸦），即，还没与通过赦免原罪而被白化的罪人。” Paulinus of Aquileia, 130:“罪者的灵魂……比渡鸦还要黑。”

4 *Rosarium*, 2, xiii, p.359. See *Psychology and Alchemy*, 85, fig. 54.

5 传说鹈鹕啄自己胸口出血以哺育幼雏，基督教中用它来象征耶稣的牺牲与爱。——中译注

6 更多有关雌雄同体的图片可参见《心理学与炼金术》。

传递这一明显事实略论几句。我们已经完满地证明了，此目标的针锋相对本质可以解释相应象征的怪异性。但是这一解释并没有改变此怪物是一个丑陋怪胎和本性变态的事实。而且这也不是未经详细审查的偶然事故，相反，它是有高度意义的，是某些炼金术基础心理学事实的结果。必须记住的是，雌雄同体的象征是此艺术的目标的众多同义词中的一个。为了避免不必要的重复，我建议读者们看《心理学与炼金术》中收集的材料，尤其是对“哲人石”和基督的比较，就此我们必须增加较少比较过的“原初物质”和上帝的关系。当然，一般来说是避免比较它们的，而其原因也显而易见。[1]虽然两者类似，但是“哲人石”不能被简单地理解为复活的基督，“原初物质”也不能被理解为上帝。相反，《翠玉录》中提示：炼金术式神秘是高等神秘的低等对应物，是一种并非父性“心灵”而是母性“物质”的神秘象征。在基督教中兽性象征的消失，在这里通过丰富的、与“自然物质”非常一致的、寓言性动物的形式得到补偿。基督教的形象是灵性、光明和善良的产物，而炼金术

1　把原初物质和上帝视为同一不仅仅出现在炼金术中，也见于中世纪哲学的其他分支。它也起源于亚里士多德，首次出现在炼金术中是在*Harranite Treatise of Platonic Tetralogies*（5，xiii）一书中。Mennens（5，xiv，p.334）说：“从而上帝的四字之名是指向至圣三位一体和根源物质（the Materia），也被称为‘他的阴影’，而摩西称为‘他的背部’。”随后这个理念出现在David of Dinant的哲学中，他遭到了Albertus Magnus的攻击：“有些持异见者说上帝、原初物质和努斯或心灵是同一个东西。”（*Summa Theologica*，I，6，quaest.39；进一步的细节参见Krönlein，104，pp. 303ff.）

的形象是夜晚、毒药和魔鬼的产物。这些黑暗的起源很能解释奇形怪状的雌雄同体人，但是它们不能解释一切。这个象征之简陋、原始的特性表明了炼金术士心灵的不成熟性，其心灵还没有充分发展到让他能应对其任务的艰巨。他在两种意义上不发达：第一，他没有理解化学合成的真正本性；第二，他对投射和无意识的心理学问题一无所知。这一切都还静静地躺在未来的子宫中。自然科学的发展填补了第一个空缺，而无意识心理学的发展正力图填补第二个空缺。要是炼金术士理解他们工作的心理成分，他们将能够使自己的"统一象征"从本能性欲的掌控中解放出来，无论是好是坏，没有批判性理性的支持，纯粹的自然注定是要离开它的。至上对立面的化合自然只能说是一种杂交事物。从而这个陈述就停滞在性欲中，正如意识的潜能不会来支持自然一样——这种支持在中世纪尤其不太可能发生，因为那时根本没有心理学。[1]直到19世纪末，弗洛伊德再次提出这个问题。接着出现的就是意识心灵和无意识碰撞时通常会发生的事情：前者在很大程度上受到后者的影响及偏见——如果不是被后者压服的话。对立面统一的问题成百上千年来一直以其性的形式存在，它必须等到科学的启

1　雌雄同体的理念看起来出现在后期的基督教神秘主义中。Pierre Poiret（1646—1719），盖恩夫人（Mme Guyon）的朋友，被控诉：他相信在千禧年会出现雌雄同体的繁殖方式。Cramer（Hauck，66，XV，p.496）驳斥了此控诉，并证明在Poiret的著作中没有这种内容。

蒙和客观性发展到足够的程度，让人们可以用科学对话的形式来讨论性。无意识的性欲马上被严肃对待，上升为一种宗教教条，直到如今都被狂热地捍卫着：这种魅力散发自一直被炼金术士培育的那些内容。潜伏在乱伦、圣婚、圣婴等神话主题下的自然原型开花结果，在科学时代发展成关于婴儿性欲、性变态和乱伦的理论，而“化合”这一概念在移情神经症中被再次发现。[1]

534 雌雄同体象征的“性欲化”(sexualism)完全地压倒了意识，并且给予心灵一种态度，这种态度就像古代的混合象征一样不讨好。击败炼金术士的任务重新呈现出来：如何理解人类和世界的深刻分裂，我们如何来应对它，如果有可能的话，如何来消除它？当剥去其自然的性欲象征后，这个问题就浮现出来，而在性欲象征中，它受到了阻碍，因为这个问题无法突破无意识的域限。这些内容的性欲化总是表示着自我对某些无意识形象（要么是阿尼姆斯，要么是阿尼玛）的无意识身份认同，而且因为这种身份认同，自我同时既是被迫地、又是自愿地和勉强地成为圣婚中的一方，或者至少相信它只是，仅仅是色情圆房的一个器具。而且一个人越是相信这一点，其自我肯定越是会很快地变成这样——而且会越是独断地（如此变化），也

1 有趣的是，我们可以观察这个理论如何再次和炼金术结盟。参见Herbert Silberer, *Problems of Mysticism and Its Symbolism*, 151。

就是说，一个人越是专注于性的部分，就越少会关注在原型模式上。正如我们已经看到的，整个问题招致了痴迷，因为非常痛苦而明显的是，我们处在错误之中。另一方面，如果我们拒绝接受这样的论点：一个东西之所以让人迷恋，是因为它是绝对真理，那么我们就有机会认识到，诱人的性的部分只是众多迷惑我们判断力的因素中的一个。这一部分总是试图把我们送到一个伴侣的力量那里，这个伴侣似乎拥有所有我们无法在自己身上实现的品质。那么，除非我们更喜欢被自己的错觉愚弄，否则我们就应该通过细致地分析每一种痴迷，从中萃取出我们自己人格的一部分，就像第五元素一样，且慢慢地开始认识到，在生命之路上我们一再遇到的是，在成千上万假面下的我们自己。然而，这个真理仅仅能够有利于这样的人，他们从骨子里确信其同胞自性化的、不可还原的现实性。

535 我们知道在辩证加工的过程中，无意识会制造出某些目标意象。在《炼金术之梦》中，我已经描述过一个很长的系列梦，其中包含着此类意象（甚至包括了一个打靶的梦）。它们大多数和曼荼罗型的理念有关，曼荼罗型，也就是圆形和四方形。后者是最直白的，也是最具特征的目标的代表。此类意象把对立面通过四相性的象征统一起来，也就是以十字架的形式把它们联合起来，或者通过圆形或球形表达它们的整体性理念。人格的优势类型也许以目标意象的形式表现出来，尽管这较为少见。有时候会有特别的强调放在中心的光明部分上。我从来没有遇到过以雌雄同体为目标的个人化象征，而更多是作为起始状态的象征，表达阿尼玛或阿尼姆斯的身份认同。

536 这些意象自然仅仅是对整体性的预期，而从整体性原则上来说总是超越我们的能力范围。而且，它们并不总是表明，病人一方在无意识中准备好在后期有意识地认识到整体性；它们通常只是意味着对混乱迷惑和缺乏方向的一种暂时补偿。当然，从根本上说，它们总是指向自性，所有对立的容器和组织者。但是它们显现的时候，仅仅提示着在整体中秩序（建立）的可能性。

537 炼金术士试图用雌雄同体和圆形的四方化所表达的，以及现代人在画圆形和四方形模式时同样试图表达的，都是整体性——一个能解决所有对立和终结冲突的整体性，或者至少是把冲突的刺拔掉。对此的象征是一种“对立物重合”，正如我们所知的，库萨的尼古拉斯对上帝的认同。我远没有和这位伟人比拼较量的意图。我的事业只不过是精神的自然科学，而我主要关心的是确立事实。这些事实如何命名，以及如何对它们作进一步的解释是次要的。自然科学不是一种言辞和理念的科学，而是事实的科学。我不是术语的严格主义者——把现存的象征叫作“整体性”、“自性”、“意识”、“高级自我”，或者任何你想要叫的名称，这都没有太大区别。就我而言，我只是力图不要给出一些错误或误导的名称。所有这些术语只是纯粹事实的名称，而事实本身才是具有分量的。我给予的这些名称并不是指向一种哲学，尽管我不能阻止人们对着这些术语学的幽灵狂吠，就好像它们是科学假设一样。事实本身就是充分的，而了解它们是很好的。但是它们的解释应该留给个人去斟酌。“对最大者来说没有什么对立，而在其中最小者也是最大”[1]，库萨的尼古拉斯如是说。而上帝同样也是在对立之上的：“超越这创造和被造的巧合的是上帝。”[2]人是上帝的一个类推：“人是上帝，但不是在绝对的意义上，因为他是人。故而他是在人类之道的上帝。人也是世界，但他不是同时在相反形式中的所有事物，因为他是人。故而他是一个微观宇宙。”[3]因此“复杂的对立”被证明不仅仅是一种可能，而更是一种伦理责任：“在这些最复杂的事物中，我们人类智力的每种努力都应该朝向这种简易性，在其中冲突对立得到和解。”[4]炼金术士在某种程度上是对立面的统一这一伟大问题的经验主义者，而库萨的尼古拉斯则是其哲学家。

1 *De docta ignorantia*, 122, II, 3.

2 Ibid., XII.

3 *De conjecturis*, 121, II, 14.

4 122, I, Ch. X.（Cited in Vansteenberghe, 158, pp.310, 346, 283.）

后　记

538 对移情现象进行任何描述都是一桩非常困难和微妙的任务，而我不知道该如何着手，只有求助于炼金术工作的象征。炼金术理论（我认为我已经表明）绝大部分是无意识内容的投射，是原型性形式的投射。这些原型性形式是所有纯粹幻想产物的特征，它们可见于神话和童话中，或者出现在个体性男人和女人的梦中、视像中以及妄想系统中。在炼金术历史上圣婚和神圣婚姻以及化合所扮演的重要角色，一方面对应着在心理治疗中有核心意义的移情，另一方面对应着在正常人际关系领域中的移情。因此，对我来说，使用这个历史档案也不是太过唐突，此档案的材料来自数世纪的精神努力，它们是我论据的基础和指导线索。这个象征性情境的逐步展开，向我呈现了一个可喜的机会，把我在多年研究这一主题的过程中积累的无数个人经验汇集在一起——我乐意承认的是，我不知道如何以任何其他方式来安排这些体验。因此，这种冒险只能被看作是一场纯粹的实验。我不想赋予它任何绝对意义。和移情相关的问题是如此复杂和多样，以致我缺乏一个系统框架来进行必要的归类。在这种情况下，人们总是有简化问题的冲动，但这是危险的，因为这很容易违背事实，试图把彼此不兼容的东西简化为一个公分母。我一直尽一切可能抵御这种诱惑，并暗自期望读者们不会有这样的误解：这里我描述的过程是事件的常见过程的工作模式。事实上，经验表明，不仅是炼金术士对各阶段的序列（的阐述）极其含糊，而且我们在个案观察中也发现，存在着令人眼花缭乱的多种变种，各种状态的次序性也有极大的任意性，虽然这一切在原则上是符合基本事实的。如我们所理解的逻辑秩序，甚或是此种秩序的可能性，目前似乎超出了我们的主题范围。我们正在进入个体性和独特性事件发生的领域，而这些事件并没有可模拟之物。如果我们的分类范畴足够广泛，那么这样一个过程就可以被还原到一些类属的秩序，并得以描述，或者至少在模拟的帮助下，可以被勾勒出来，但是其最深处的精髓，是每个个体生命的独一无二性——这是任何人都无法从外部可把握的，相反，是相关的个体被它所把握。这个图片系列是我们众多的引导线索之一，故而我们可以轻易地建立起几个其他的工作模型，每个都可以从不同角度展示移情的过程。[1]但是没有一个单一模型可以完全地表达个

1　在这些线索中，我会仅仅注意包含在《沉默之书》(119)中的序列，在（转下页）

体变化的无限丰富，而每一种变化都有其“存在理由”（raison d'être）。情况就是这样，对我来说明确的是，即便这个对此现象进行全面总结的尝试也只是一桩冒失的工作。然而其实际重要性却是如此之大，以至于尝试这件事本身就可证明其价值，即便其缺陷会引起一些误解。

539 我们今天生活在一个混乱和分裂的时代。一切都处于熔炉之中。在这种情况下，无意识内容通常被推到意识的边缘，以补偿它发现的内在的危机。因此，无论这些边缘现象看起来是多么含混，我们都有必要仔细研究它们，以便发现新的和潜在的秩序的种子。

移情现象无疑是自性化过程中最重要的症候之一，其丰富的含义远远超出了纯粹的个人喜好。它凭借着其无意识内容和象征的力量，超越了个体的人格，并延伸到社会领域中，提醒我们较高人类关系的存在，这种关系在我们现存的社会秩序或毋宁说无序中是极其缺失的。圆形和四方形的象征，是自性化过程的标志，这就好像重组文明社区中必不可少的“精神”

（接上页）其中显示出术者和他的神秘姐妹正在进行伟大的工作。第一张图（图11）显示，一个天使正在用号角唤醒睡者。在第二张图中（图12），一对炼金术士跪在熔炉的两侧，熔炉内有密封瓶，在他们之上两个天使也拿着同样的密封瓶，而现在密封瓶中装着日神和月神，它们是两个术者的灵性对等物。第三张图片（图13）展示了神秘姐妹在捕猎鸟类，术者正用钓杆和线钓女妖：鸟，作为变化无常的生物，代表着思维和多样性的阿尼姆斯，而女妖对应着阿尼玛。这幅关于“伟业”的绘图中坦率的精神特性也许要归功于该书是较晚时期（1677年）写就的这一事实。

1
MUTUS LIBER, IN QUO TAMEN
tota Philosophia hermetica, figuris hieroglyphicis
depingitur, ter optimo maximo Deo misericordi
consecratus, solisque filiis artis dedicatus,
authore cujus nomen est Altus.
21 11. 82. Reg.
93. 82 72. Reg:
82 81 33. Deut.

图11

图12

图13

这一器具的作用，这种重组的文明社区是对抗于充满着半生不熟的集体人的群体的，而此类群体今天却如此受欢迎。这种集体人组织只有在其宣称要组织的人类实体是有用处之时才有意义。但是集体人是没有什么用处的——他只是一个微粒，已经忘记了成为人类意味着什么，并且丧失了自己的灵魂。我们的世界所缺乏的是精神的联结，而没有任何团体，没有任何利益社群，没有任何政治党派，没有任何国家能够取代这种精神联结。故而，是医生而不是社会学家最先比任何人更清楚地认识到人的真正需求，这也就不足为奇了。因为作为心理治疗师，他们最直接地面对灵魂的苦恼。如果说我的这些泛泛而论有时几乎和裴斯泰洛齐（Pestalozzi）的思想句句吻合，其深层原因不在于我占有了这位伟大教育家著作中的专门知识，而在于这一主题其本身的性质——在于对人之现实性的领悟。

译名对照表

acetum fantis　醋酸之泉
adept　术者
Adonis　阿多尼斯
adulatio　迎合
Aenigma Merlini　《梅林之谜》
Agrippa von Nettesheim　阿格里帕·冯·内特斯海姆
Alkumistica　《炼金》
Alphidius　阿尔费迪乌斯
Andreae　安德里亚
anima　阿尼玛
anima Christi　基督的阿尼玛
Anthropos　原人、人类
apperception　统觉
aqua amara　爱之水
aqua benedicta　被祝福的水
aqua divina　圣水
aqua doctrinae　教法之水
aqua permanens　永恒之水
aqua sapientiae　智慧之水
aqua Saturni　萨图恩之水
aqua vitae　生命之水
arbor philosophica　哲学树
arcanum arcanorum　谜中之谜
arcanum artis　密法
Ash Wednesday　圣灰星期三
atman　阿特曼
attractio　聚合
Atwood　阿特伍德
auctor rerum　事物原创者
Aurora consurgens　《曙光乍现》
aurum potabile　可饮之金
axiom of Maria　玛利亚法则

Baba Yaga　芭芭·雅嘎
Basilides　巴西里德斯
Beya　贝雅

calcinatio　焚烧
caput mortuum　残渣
cibus immortalis　不死之食
cibus sempiternus　永恒食物

Codex Ashburnham 《艾仕本罕手稿》
combustio　燃烧
completeness　完整性
compulsion　强迫性冲动
concretization　具体化
concupiscentia　本能欲望
Confessio amantis　《忏悔录》
coniunctio　化合
coniunctio oppositorum　对立体化合
coniunctio Solis et Lunae　日月化合
corpus mundum　纯粹物质
corpus mysticum　奥体

denarius　十
Deo concedente　屈服于神
depotentiated　去能化
descensus ad inferos　降入冥府
dissolution of the transference　移情消融
divisio elementorum　元素解离
donum Dei et secretum altissimi　最高之神的圣礼
donum Spiritus Sancti　圣灵之礼物
Dorn　多恩
droits de l'homme　人权
duplex natura　双重本质

ego　自我
enantiodromia　物极必反
Eros　厄洛斯
extractio animae　阿尼玛的提纯

familiarization　熟悉化
fatui　傻瓜
Faust　《浮士德》
feeling-values　感受—价值
filius philosophorum　哲人之子
filius regius　国王之子
Finna　芬娜
firmament　苍穹
First Man　初人
foetor sepulcrorump　坟墓恶臭
foetus spagyricus　雏形人

Gabricus　加布里库斯
Gillen　吉能
God's will　神的意志
Good Friday　耶稣受难节
Grandes heures du duc de Berry　《贝瑞公爵的伟大时刻》

heart　心
Hermaphroditus　赫马佛洛狄忒斯
Hermes　赫尔墨斯
hieros gamos　神圣婚姻
Hocart　赫卡特
homunculus　霍蒙库鲁斯
Hortulanus　霍尔图兰努斯
Howitt　豪伊特

ignorantes　无知者
immunditia　不洁
incineratio　焚化
incorruptibilitas lapidis　不朽之石
increatum　非可创造之物

individuation process　自性化过程
Ingeborg　英格博格
inimicitia elementorum　敌对元素
interfectio　谋杀
Isidore of Seville　圣依西多禄
iterum mori　重复死亡

John Gower　约翰·高威
John Pordage　约翰·柏登吉

kali　迦利
Kallid　卡里德
kinship libido　血亲力比多

lac virginis　处女之乳
lapis philosophorum　哲人石
lato　拉托

mali odores　魔鬼之味
Mandala　曼荼罗
marriage quaternio　四相婚配
mare tenebrosum　黑色之海
Maria　玛利亚
Maria Prophetissa　玛利亚·普罗费提莎
masculine　阳性
massa confusa　混沌
mathematical synthesis　数学综合
matrimonium　结婚
Maya　玛雅
Mercurius　墨丘利
miracula operis　神奇工作
Morienus Romanus　摩利努斯·罗曼努斯
mortificatio　死亡
Mother Alchemia　炼金之母
multiplicatio　增殖
mundificatio　净化提纯
Mutus liber　《沉默之书》
mysterium paschale　复活圣迹

Nicolas Flamel　尼古拉斯·弗雷莫
nigrum, nigrius nigro　黑中之黑
nigredo　黑化
nuptiae　婚姻
nuptiae chymicae　皇家婚配

Olympus　奥林巴斯
opposites　对立体
opus contra naturam　对抗自然的伟业
Origen　奥利金

panacea　万灵药
Paphnutia　帕夫鲁提亚
participation mystique　神秘参与
pater metallorum　众金之父
perception　感知
Peronelle　佩罗尼
Persephone　珀尔塞福涅
persona medici　医学面具
Pestalozzi　裴斯泰洛齐
Pilate　彼拉多
Pordage　柏登吉
post tenebras lux　黑暗后的光芒
prima materia　原初物质、原质

primeval chaos　原始的混沌
Prince Danila Govorila　《丹　尼拉·格沃里拉王子》
Psychology and Alchemy　《心理学与炼金术》
psychologie à compartiments　心理隔离
putrefactio　腐烂

quaternity　四相性
quinta essentia　第五元素

rebis　双性人、雌雄同体
res simplex　简单之物
Rosencreutz　罗森克鲁茨
Ros Gedeonis　基甸之露
royal game　王道游戏
royal marriage　皇室联姻

sanguis spiritualis　灵魂之血
Sapientia Dei　天主智慧
Saul　扫罗
self　自性
Senior　西尼尔
separatio　分离
serpens Mercurialis　墨丘利之蛇
sexualism　性欲化
Shakti　沙克蒂
Shulamite　书拉密
skeleton in the cupboard　柜中骷髅
sol niger　太阳之黑
solutio　松懈
Sophia　索非亚
soror mystica　神秘姐妹
Spencer　斯宾塞
spiritus　灵魂、灵性、心灵
spiritus rector　灵性主宰
sponsa　女方
sponsus　男方
Steinach　斯坦纳奇
stulti　愚蠢者
sublimatio　升华
succus lunariae or lunatica　月树之汁

Tabula smaragdina　《翠玉录》
Tammuz　坦木兹
tenebrositas　黑暗
tetrameria　四重特性
The Mercurius Fountain　《墨丘利喷泉》
Theosebeia　缇尔西比亚
The Spirit Mercurius　《精灵墨丘利》
third filiation　第三起源
Thomas South　托马斯·劭斯
Tractatus aureus　《论黄金》
transference neurosis　移情性神经症
triplex nomine　三重之名
Turba　《哲人集》

umbra solis　太阳阴影
unio mystica　神秘联合
unio oppositorum　对立联合

Upanishads 《奥义书》
Uroboros 咬尾蛇

Vas hermeticum 密义瓶
venerabilis natura 尊贵自然
vinculum 纽带
vinum ardens 燃烧之酒

Visio Arislei 《阿里斯莱的幻想》

wholeness 整体性
witch's trance 巫者出神

Zosimos 佐西莫斯